多様化する農業と労務管理

～脱家族経営・事業多角化のポイント

特定社会保険労務士

橋本將詞 著

日本法令®

はじめに

　先日、テレビで北海道のトマト農家が「美味しいトマトを食べてもらいたくて」という想いから、直売所でジェラートを販売している内容が紹介されていました。決して街中とはいえず、どちらかというとポツンとその店舗だけがあるような場所に、遠方からジェラートを食べにくる若者や、「ここのトマトは美味しい」とトマトだけを買いに来る年配の方がたくさんいるとのこと。

　ここ数年、農業経営者が自らの野菜や果物を加工して販売するスタイルでの事業展開が増えています。加工までせずとも、イチゴ農園によるイチゴ狩りなど、農産物の収穫体験や「農ある風景」を楽しんでもらうようなアクティビティを提供する農園もあります。今の農業経営者は、これまでの作物を生産して市場に出荷することを主としていた農業経営から考え方を変え、どのようにすれば自らの作物を消費者に訴えることができるのか、また生産だけではない農業の違った意味を、価値としてどのように消費者に伝えようかと考え、事業を多角的に展開しています。国も、平成23年3月に「地域資源を活用した農林漁業者等による新事業の創出等及び地域の農林水産物の利用促進に関する法律」（以下、「六次産業化法」という）を施行し、いわゆる6次産業化（第1次産業×第2次産業×第3次産業＝第6次産業）を推進しています。

　また、令和5年5月に公表された「令和4年度 食料・農業・農村白書」においては、農業は国民生活に不可欠な食料を供給する機能等を有するとともに、農村は、農業の持続的な発展の基盤たる役割を果たしており、その振興を図らなければならないとしています。その一方で、人口減少に伴う国内市場の減少や生産者の減少・高齢化等の課題に直面しているほか、世界的な食料情勢の変化に伴う食糧安全保障上のリスクの高まり、気候変動等の課題への対応など、大きなターニ

ングポイントを迎えていると訴えています。そのため、輸入に依存している飼料作物の生産拡大、農林水産物・食品の輸出促進、農業が次世代に引き継がれるよう、若者が意欲と誇りをもって活躍できる魅力がある産業とすることを目指しているところであると宣言しています（以上、「令和4年度 食料・農業・農村白書」より）。

　生産者の減少、高齢化への課題といった事情は、産地を訪れると明らかに感じるところです。著者の地元、京都市南区上鳥羽では、ほんの30年前まで、街道を外れると畑や田んぼばかりという状況でしたが、今では、畑はほぼ駐車場や商工業地に変わっています。商工業地として転用が進む農地ですが、もっと地方に行くと何年も手つかずで耕作放棄地になっているところもよく見かけます。ただ、白書に書かれているように、農業における課題は、国策として取り組まなければならない国民生活に直結するものであり、第1次産業は、地域によってはもっとも期待される成長産業です。白書にいう、農業が次世代に引き継がれ、若者が意欲と誇りをもって活躍できる魅力ある産業となるため、農業経営者も、これまでの経営より消費者にもっと直接訴えるかたちでの農業経営を模索し、結果として経営の多角化が進んでいます。

　本書は、農業が継続的に発展、維持されていくための農業における労務管理を整える参考書です。年間50回以上農業経営者向けの労務研修を経験し、社労士事務所開業当初から「農業に特化した社労士」として名乗り、活動している著者が、農業経営者に向けて雇用に関する知識を説明する研修過程をそのまま読者に伝えようと意識してまとめました。労務管理の専門家にとっては当たり前でも、知らない農業者が多く、初めて雇用を受け入れるためにもってもらいたい知識を、どのように説明しているかを読み取っていただきたいです。そのために、まずは、農業における労務管理の実情を説明しています。そして、劇的に変化している農業における課題から、単純に作物の生産だけを見据えていない農業経営者が取り組む6次産業化によって、農業労務がどのように変わるのか、を見据えた内容となっています。よって、一

般的な労務管理や労働法における詳細を網羅しているわけではありません。あくまでも、農業と労務という視点から、著者がこれまで感じた農業労務の勘所をまとめた本です。全般的な労務管理についての解説は本書の役割ではないと考えています。

　第1次産業は、あらゆる食料品に必要な原材料を作り出してきた産業です。しかも、それは地球環境の恩恵を大きく受けて、人類が守り続けてきた産業です。この歴史ある大きくて誇らしい産業が、新しい産業として、地域を活性化させる基盤産業となるために、もう一度、力を発揮しようとしています。そのために、どのように地域に人材を呼び込み、定着させるのか、農業経営に携わる方やこれから始められる方、また経営や労務の専門家の先生方には、もっと農業に寄り添っていただき、その結果として、次代の地域と農業の発展、維持のためになれば幸いです。

2024年9月

橋本將詞

もくじ

第3章　農業と労働条件

第4章　農業と労働時間管理

第5章　農業の人事

凡　例

　本書では、法令等の表記につき、本文等で以下のように省略している場合があります。

正式名称	略　　称
中小企業者と農林漁業者との連携による事業活動の促進に関する法律（平成20年法第38号）	農商工等連携促進法
地域資源を活用した農林漁業者等による新事業の創出等及び地域の農林水産物の利用促進に関する法律（平成22年法律第67号）	六次産業化法
労働基準法	労基法
労働安全衛生法	安衛法
労働者災害補償保険法	労災保険法
高年齢者等の雇用の安定等に関する法律	高年齢者雇用安定法
労働保険の保険料の徴収等に関する法律	徴収法

第1章

農業の課題

第1節 新しい農業経営

◆◆ 原価度外視で行われてきた青果物の値付け
〜キャベツ1玉いくらで買いますか？〜

　皆さんが八百屋さんやスーパーマーケットに買い物に行き、キャベツを1玉買おうとしたとき、躊躇する価格はいくらぐらいでしょうか。躊躇とは、「高い」と感じて購入するか迷ってしまう価格です。

　著者は社労士ではありますが、生産者から野菜を仕入れて、マルシェなどを開催した経験があります。消費者に直接野菜を販売する中で、どのくらいの価格であれば、キャベツ1玉があまり深く考えずに手に取られ、購入してもらえるのかを見てきました。それは、1玉180円程度です。これが200円を超え、300円近くなると、多くの人が1玉のキャベツではなく、カットされた半玉を手に取るようになります。

　図表1−1は、東京都区部におけるキャベツ1kgの単価の推移です。通常のキャベツの大きさ（規格）を「L」サイズといいます。もちろん、時季によりぎっしり詰まった冬とフワッと巻いた春キャベツの重さはまったく違いますが、Lサイズ1玉をおおよそ1kgと考えてください。

▷図表1−1　キャベツ1kgあたり単価の推移

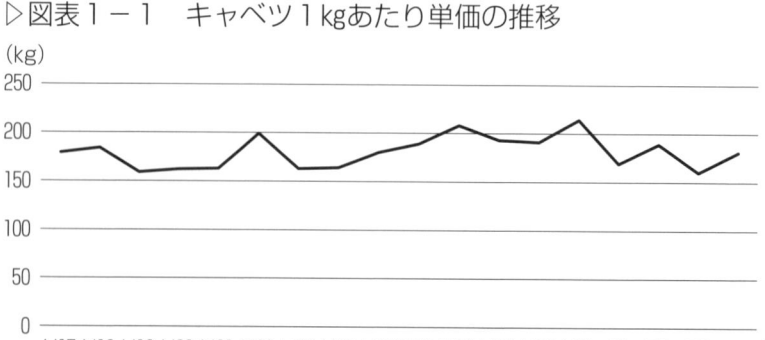

平成17年から令和4年までのキャベツ1玉の単価の平均は、約180円となっています。驚くべきことは、グラフがほぼ一定だということです。平成17年から、価格は横ばいで推移しています。

図表1-2は、キャベツの平成27年から令和4年までの月ごとの小売単価価格をグラフにしたものです。図表1-1は、このデータから年ごとの平均単価をとったものです。平成30年のみ突出していますが、価格が上がる時期と下がる時期があるのがよくわかります。月ごとの変動が大きいのが青果物流通の基本です。

▷図表1-2　キャベツの月別小売り単価

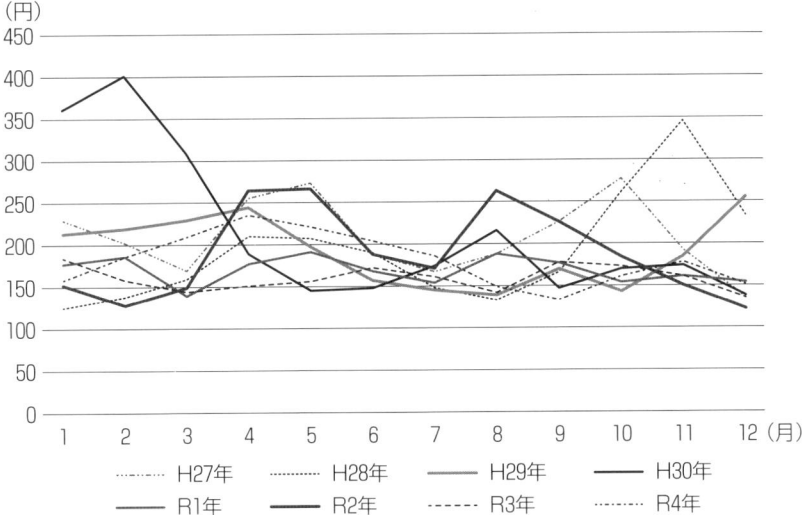

小売価格が月ごとに変動するとしても、18年間、キャベツは1玉180円を平均として販売されてきました。小売や市場価格から見ると、この価格は適正だと判断できるかと思います。しかし、キャベツを作っ

〈出典〉　図表1-1：農畜産業振興機構「ベジ探」
　　　　　　　　　　原資料：総務省「小売物価統計調査」
　　　　　図表1-2：同上

第1章

農業の課題

ている生産者からみると適正なのでしょうか。180円のうち、どれくらいが生産者の手元に入る価格となるのでしょうか。

　少し古いのですが、農林水産省の「平成29年度食品流通段階別価格経営調査（青果物調査)」では、小売価格に占める各流通系統の割合が以下のように示されています。

▷図表1-3　野菜の小売価格に占める流通経費等の割合

(%)

生産者受取価格	流通経費			
	集出荷団体経費	卸売経費（販売手数料）	仲卸経費	小売経費
51.8	48.2			
	19.6	5.9	8.4	14.3

　つまり、店頭にて180円で販売されているキャベツについて、51.8％にあたる93.24円が生産者の受取価格となります。基本的にキャベツは、通常のＬサイズなら1ケースに8玉入っています（ちなみに、2Ｌサイズなら7玉、Ｍサイズなら10玉です)。これをもとに考えると、1ケース（Ｌサイズ）あたり745.92円です。

　さらに、東京都中央市場におけるキャベツの入荷量（kg）と卸売単価（1kgあたり）の推移を見てみましょう（▷図表1-4）。

　平成7年から令和4年まで、年によって入荷量に大きな差はあるものの、28年間、根本的な価格の変動はないように思えます。ただし、入荷量は増えているので、実質の単価は下がっているかもしれません。同28年間での卸売単価の平均は88.714円／kgとなっており、これを1ケースとして考えると、こちらも709.712円となります。つまり、30年近く、キャベツの単価はおおよそ1ケース709円〜745円だというこ

〈出典〉　図表1-3：農林水産省「食品流通段階別価格経営調査（青果物調査)」

▷図表１−４　東京市場における年ごとのキャベツ入荷量と単価の推移

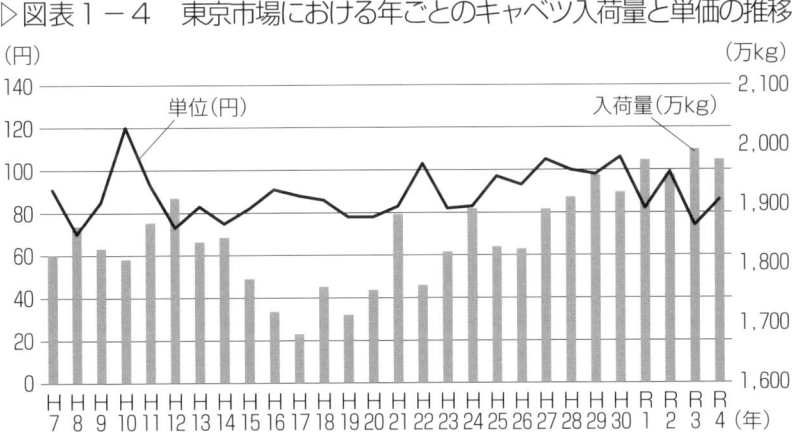

第1章

農業の課題

とがわかります。

　著者が平成７年から地元の生産者が出荷する市場価格（著者の場合は京都中央市場）を見てきた体感的にも、今現在までに取引価格が大きく変わったことはありません。キャベツはいわゆる指定野菜の１つであり、農林水産省が「全国的に流通し、特に消費量が多く重要な野菜」として指定した野菜です。そのような野菜の価格が大きく変動すると、国民に大きな混乱を招く可能性があります。ですので、一定の単価で長期間推移することは、国民にとってありがたいことです。

　なぜこんな話を持ち出したかというと、そもそもこの価格で生産者が経営していけるのかどうかがはっきりしていない点に、問題があるからです。

　本来、「モノを作る」ためには、原価があり、それなりの経費がかかります。製造業であれば、あらかじめ行われた原価計算のもと、価格が決定され、採算が合わないモノに関しては製造がストップされ、そのモノの製造から撤退します。これが経営判断です。

〈出典〉　図表１−４：農畜産業振興機構「ベジ探」
　　　　　　　　　原資料：東京・大阪「市場月報」

　農業も同様に、原価に見合わないとなれば生産をやめ、その作物から撤退できるはずなのですが、農業はそうしてきませんでした。その理由の1つは、家族経営であったために、良くも悪くも自らの労働を原価として捉えていない考え方にあります。消費者側からすれば、家族経営という形に甘えてきたともいえます。そこが農業と一般の製造業との大きな違いです。そしてもう1つは、価格決定を市場に委ねていることです。青果物流通の基本は、市場へ出荷して販売を委託する方法です。それぞれの市場における需要と供給のバランスで、先のグラフのような価格が決定されます。ただし、生産量や入荷量といった供給（栽培の結果として出てきた数量）と、キャベツを使いたいというお客さんの需要（常に一定量を使うわけではない）の関係でのみ価格が決定される仕組みなので、キャベツの原価を考える余地はありません。また、毎年の価格の微妙な変動が、生産者に「今年は安かったけど、来年は」という期待を持たせることになってしまい、結果として採算が合わないモノから撤退するという判断を鈍らせてしまっています。

　図表1-5は、市場を経由している割合を、野菜と果実それぞれグラフ化したものです。平成元年では、野菜は85.3％、果実は78％が市場を経由していましたが、令和元年では、野菜は63.2％、果実は35.6％となっており、減少し続けています。

　市場は、多種多様な生産物を1箇所に集め、その地域の細部へと分配する集荷機能を有しており、この機能そのものがなくなることはなく、これからも存続するとみて間違いないでしょう。ただ、農家数は減少し続け、土地持ち非農家は増え続けている中で、法人としての農業経営体は増えています。そして、法人としての農業経営体において、市場出荷以外の販売方法を模索する流れにあることは間違いありません。

　この変化の理由は、市場への入荷量（供給）と販売量（需要）によって価格が決定される場合では、農業経営体なりの付加価値をつけることが難しく、価格を自身で設定できないからです。一部の市場関係者

▷図表１−５　市場経由率（市場への入荷量）

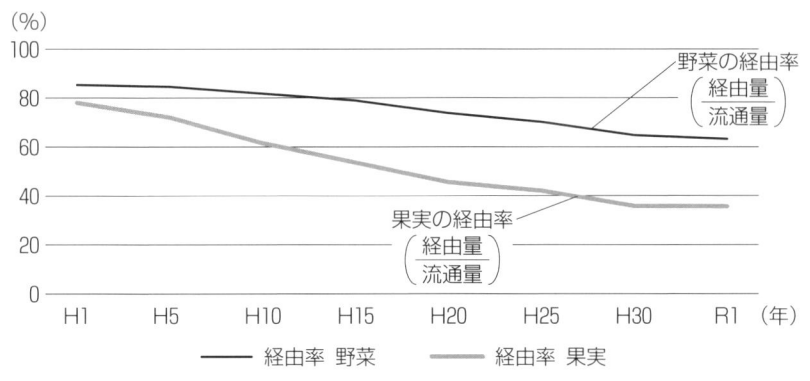

（仲卸業者など）は、自ら生産者を開拓し、自身の顧客と農業経営者
との取引を実現させるなど、新たな道を模索する動きを活発化させて
いますが、それはこれからの話です。

これからの青果物流通

　農業経営者が、市場流通への販路に希望を見出せなくなった理由は、
自身で価格を決定できないことの他に、市場が要求する「規格の統一」
があったと考えています。

　例えば、著者の地元には、今も京の伝統野菜として登録されている
「慈姑（くわい）」という作物があります。１つの茎から多くの芽が出るところ
から「子孫繁栄」を意味し、年始のお節料理には欠かせない縁起物と
して永く愛されてきました。慈姑は何重もの薄皮が覆っており、その
薄皮を取り除くには手でめくるしかありません。数年前まで、市場は
薄皮をめくるところまで要求していませんでしたが、薄皮を完全にめ
くらないと二束三文の価格しかつかない状況を踏まえて、出荷の規格
を変更しました。薄皮をめくるのは、生産者に相当な手間を強いるこ

〈出典〉　図表１−５：農林水産省「卸売市場データ集」

ととなります。この手間なしに市場に出荷できないとなれば、市場以外へ販路を見つけざるを得ません。

　この例のように、市場への出荷には規格統一を求められることが多くなりました。考えてみれば、消費者に対して商品説明してくれる八百屋さんが少なくなり、消費者が大量に陳列されている商品から選んで購入するスタイルになったことで、まっすぐなきゅうりが重宝されたり、平たいキャベツが陳列のしやすさから高く販売されたりする状況になったのかもしれません。

　規格を統一しなければならないということは、規格外は二束三文となり、販売できなくなるということです。この規格外の処理について、何とか廃棄せずに済む方法はないかと農業者自身が販路を模索する過程で、大きく「農商工連携」「6次産業化」という流れができてきました。「農商工連携」「6次産業化」は、農業などの1次産業事業者が、作物を市場流通に委ねるのではなく、商工業者との連携または独自に製造・加工を行うことで付加価値をつけ、マーケットに新商品として提案しようという動きをいいます。家族経営が減少していく中で、雇用を踏まえた農業経営を考えたとき、売上を上げるという意味でも、仕事をつくることができるという意味でも、新しい農業経営のスタイルとしてどんどん広まっていくものと考えられます。

◆◆ 農商工連携と6次産業化

　農商工等連携促進法には、その基本方針と農商工等連携事業計画の認定に関することなどが定められており、農林水産省と経済産業省が協力し、農商工連携による新商品開発や販路の開拓等を支援しています。

　農商工連携の取組みとは、農林漁業者と商工業者がそれぞれの経営資源を連携させて、より高付加価値の新商品や新サービスの提供を行うことで、新たな市場を創り出し、お互いの経営力を向上させ、地域

▷図表1－6 「農商工連携」の流れ

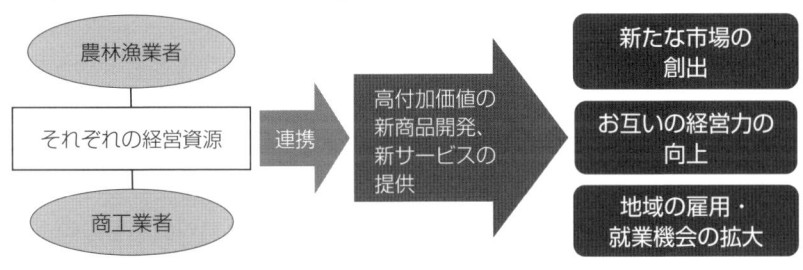

第1章 農業の課題

の雇用に資するというものです。

さらに、農商工等連携促進法の施行から2年後には、六次産業化法が施行されました。市場に出荷できない規格外品の活用が、農商工連携の1つの課題解決方法でしたが、農業者は、作りたくて規格外を作っているわけではありません。できれば正規品を高値で売りたいのが本音のはずです。そこで、無理に規格外品の商品開発にこだわるのではなく、自らのペースで行う風潮の6次産業化が広がりを見せています。著者は、六次産業化法の前文が素晴らしいと考えており、ここに紹介します。

六次産業化法　前文

　農山漁村は、長年にわたって我が国の豊かな風土と勤勉な国民性をはぐくみ、就業の機会を提供し、多様な文化を創造してきた。また、農林漁業の持続的かつ健全な発展は、その有する農林水産物等の安定的な供給の機能及び国土の保全等の多面にわたる機能が発揮されることにより、農山漁村の活力の維持向上に寄与するとともに、国民経済の健全な発展と国民生活の安定向上に貢献するものである。

　しかるに、我が国の農林漁業及び農山漁村は内外の様々な問題に直面しており、農林水産物価格の低迷等による所得の減少、高齢化や過疎化の進展等により、農山漁村の活力は著しく低下している。

　我々は、一次産業としての農林漁業と、二次産業としての製造業、三次産業としての小売業等の事業との総合的かつ一体的な推進を図り、<u>地域資源を活用した新たな付加価値を生み出す六次産業化の取組</u>と、地域の農林水産物の利用を促進することによる国産の農林水産物の消費を拡大する地産地消等の取組が相まって、<u>農林漁業者の所得の確保を通じて農林漁業の持続的かつ健全な発展を可能とする</u>とともに、<u>農山漁村の活力の再生、消費者の利益の増進、食料自給率の向上等に重要な役割を担うもの</u>と確信する。

　同時に、これらの取組は、農山漁村に豊富に存在する<u>土地、水その他の資源の有効な活用、地域における食品循環資源の再生利用、農林水産物の生産地と消費地との距離の縮減</u>等を通じ、<u>環境への負荷の低減に寄与すること</u>が大いに期待されるものである。

　ここに、このような視点に立ち、地域資源を活用した農林漁業者等による新事業の創出等に関する施策を講じて農山漁村における六次産業化を推進するとともに、国産の農林水産物の消費を拡大する地産地消等の促進に関する施策を総合的に推進するため、この法律を制定する。

※太字・下線は著者による

　6次産業化は、単に規格外商品から加工品を生み出すだけではなく、地域資源（である農産物）を利用して新たな付加価値を生む仕組みで、農林漁業者の所得を確保し、それにより1次産業の持続的かつ健全な発展を可能とし、村に活力を取り戻し、消費者の利益や食料自給率の向上の役割を担うことを目指しています（▷図表1－7）。そのため、農業者自身が店舗を持ち、自社製品を直接消費者に販売する直売所の経営や、農業体験を伴う「○○狩り」の運営、施設内に農園で穫れた野菜や果物を使ったスイーツなどを提供するカフェを併設するなど、その可能性は大きな広がりを見せ、地域に大きく波及しています。

　6次産業化の取組みは、都市に向いた人口を農村へと呼び戻し、農村と都市との距離を縮め、その地域の秘めたる資源を有効に活用する

▷図表１－７　６次産業化の役割

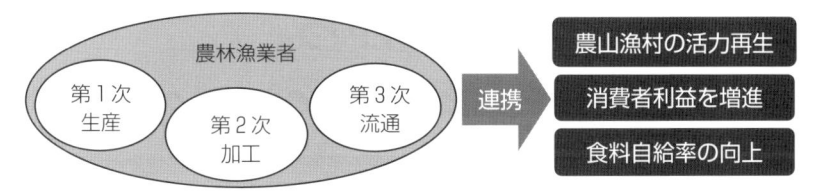

といった働きを、環境負荷の低減を実践しながら進めることができます。田畑が単に「作物を栽培するだけの場」ではなく、大きな意義のあるものだと位置付けていることがよくわかるのではないでしょうか。

　なお、６次産業化に取り組む農業者と伴走して活動してきた「６次産業化プランナー」の名称は、令和４年度から「農山漁村発イノベーション（中央）プランナー」という名称に変更されています。

第2節　6次産業化から農山漁村発イノベーションへ

6次産業化から農山漁村発イノベーションへ

　「令和4年度 食料・農業・農村白書」には、6次産業化の取組みを発展させた「農山漁村発イノベーション」の推進について述べられています。農山漁村発イノベーションとは、従来の加工・販売等に取り組む6次産業化を推進しながら、さらに多様な地域資源を活用し、観光・旅行や福祉等の他分野と組み合わせて、新事業や付加価値の創出を図ることです。推進にあたり、農林漁業者だけではなく、地域企業等多様な主体との連携を図りつつ、商品・サービス開発等のソフト支援や施設整備等のハード支援、全国および都道府県に設けられたサポートセンターを通じて、取組みを行う農林漁業者等に対する専門家派遣といった伴走支援や起業家とのマッチングを行っています。令和7年度までにモデル事例を300創出することが目標となっています。

　では、実際に6次産業化に取り組む施設は増えているのでしょうか。

　図表1-8を見ても、それほど伸びているようには見えませんが、令和2年以降は新型コロナウイルスの影響で、レストランや観光農園が非常に厳しい状況だったことは考慮しなければなりません。また、この統計は、販売規模が一定額（農産物の加工は10億円、直売所は5億円、観光農園・レストラン・民宿は1億円以上）の農業経営体と、調査対象期間に新たに農産物加工等の事業を開始した農業経営体を調査対象としています。調査対象を規模が大きいところに限定せずに、小規模な事業も含めると、取り組んでいるところは増えるだろうと考えられます。

▷図表１−８ 農業生産関連事業の年間総販売金額

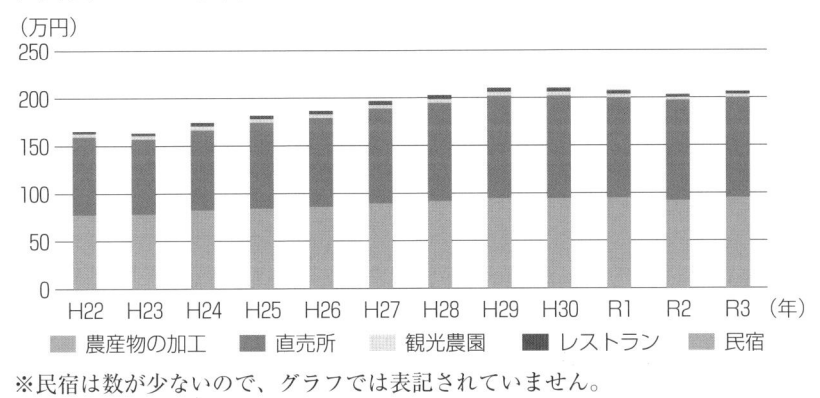

（万円）

※民宿は数が少ないので、グラフでは表記されていません。

凡例: 農産物の加工　直売所　観光農園　レストラン　民宿

　ここで、令和２年および平成27年の「農林業センサス」における農産物販売金額規模別経営体数の割合を示したものを見てみましょう。販売規模別にみると、1,000万円未満の農業経営体が約36.7％（令和２年）、１億円以上の販売金額を持つ経営体は全体の約28.8％にとどまっています。平成27年に比べて、確かに販売金額が増えている経営体は増えていますが、先の「６次産業化総合調査」では抽出できない農業経営体はたくさんあるのではないでしょうか。

▷図表１−９ 農産物販売金額規模別経営体数の割合

（%）

	販売なし	300万円未満	〜1,000万円まで	3,000万円まで	5,000万円まで	1億円まで	3億円まで	3億円以上
令和2年	3.8	18.4	18.5	22.7	11.7	12.3	9.7	0.0
平成27年	4.1	19.4	17	23.8	10	10.3	9.2	6.1

〈出典〉　図表１−８：農林水産省「６次産業化総合調査」
　　　　　図表１−９：農林水産省「2020年農林業センサス」「2015年農林業センサス」より作成

　さらに、6次産業化はこれまでの枠にとらわれず、農山漁村の多様な分野、事業主体と連携して、地域における雇用・所得を創出する期待を背負っています。また、農林水産業・地域の活力推進プランの中の6次産業化の推進として、地域の資源と資金を活用し、雇用の創出や農山漁村等の活性化につながる10,000程度のプロジェクトの立ち上げを目標としています。

▷図表1−10　農山漁村発イノベーションの概念図

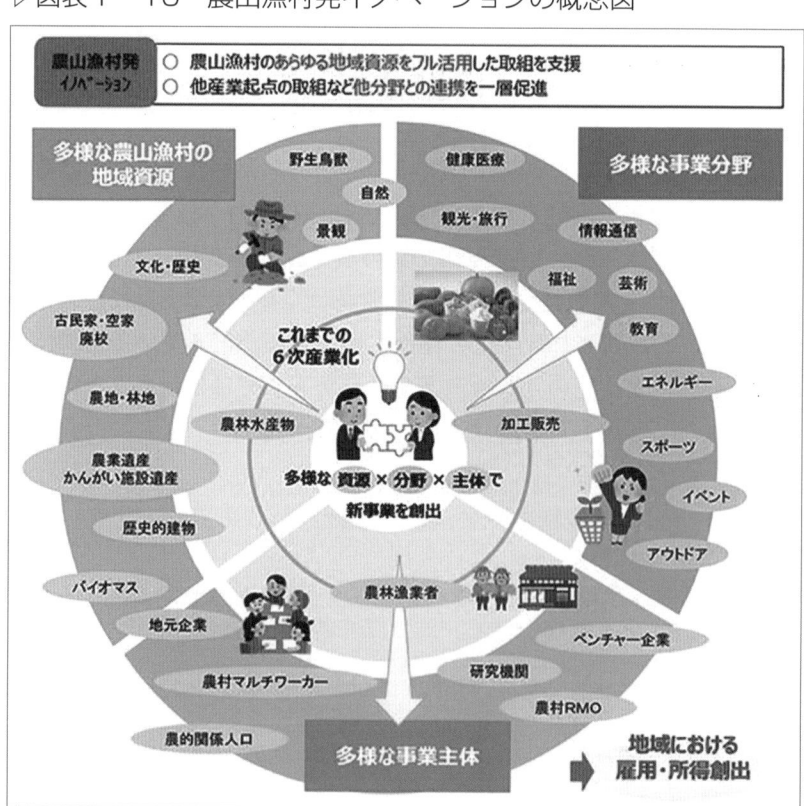

　これまでの6次産業化が打ち出してきた、農林漁業者自身の資源を

〈出典〉　図表1−10：農林水産省　農山漁村発イノベーション対策HP

活用して新事業を創出する目的を、法律に書かれている部分について
より明確化したものが、農林漁村発イノベーションだと考えます。

6次産業化と労務管理

これからの農業経営は、単に作物を生産するだけではなく、農作物
の付加価値をしっかりと消費者に説明すること、または新たに創出し
て付したうえで提供することが必要となってきます。

これまでの農業はいわば、一輪車でした。規模を大きくするには、
タイヤそのものを大きくする、もしくは力に任せて思いっきりペダル
を漕ぐしかありません。しかし、近年では、ブレーキもギヤもついて
いる自転車として2つのタイヤを動かすことで、一輪車では行けな
かった道も突き進む時代になってきました。さらにこれからの1次産
業は、自転車にエンジンが付いてバイクとなり、自動車となり、より
大きな広がりを見せていくはずです。

その中で、経営形態も大きく変わっていきます。家族経営から企業
体へ、大規模農業へと変化は継続します。最も大きく変わるのは、経
営資源としての「人」の取扱いです。これまでは家族経営であったた
め不要であった労務管理が必要となってきます。さらに、農業から6
次産業化へと進めば、一部適用除外であった労働時間などについて、
労基法が全面的に適用されることもあり得ます。

法定労働時間や法定休日の遵守が当然であることは、6次産業化と
なったことで、一般の労務管理が必要になった場合とて同様です。た
だし、農業経営者は労務管理に対する感覚がまったく違うことが珍し
くないということは理解しておいてください。

そのため次章以降では、著者が農業経営者に向けての雇用管理研修
を行う内容に沿って、農業における労務管理を解説します。

第2章

農業と雇用の難しさ

第1節 家族経営から組織経営へ

 ## 人材育成の難しさ

　著者が大学を卒業したのとほぼ同時に、地元の生産者が栽培する野菜を市場へ出荷する業務を営んでいた父が他界しました。その際に年金を請求するために訪れた年金事務所（当時は社会保険事務所）で、母に遺族年金が支給されないという年金制度に対して疑問を持ったことが、年金の勉強するきっかけとなり、社労士の資格を取得しました。

　平成7年に父の跡を継ぎ、集荷業を営みながら社労士としての在り方を模索していたとき、地元の生産者で、家族で水菜を栽培するIさん一家のおっちゃんから聞いた言葉が記憶に残っています。もう20年以上前ですが、社労士として、農業と労務に向き合おうと思わせてくれた言葉です。

　水菜（地域によっては京菜と呼ばれる、葉に切れ込みがある菜っ葉）というと、今は袋入りで周年栽培されるサラダ水菜が主流となっていますが、著者の地元の京都市南区上鳥羽では、九条ねぎ、金時人参、海老芋、壬生菜などと並ぶブランド野菜「京野菜」の1つとして、「千筋水菜」が有名です。千筋水菜は、播種してから2度、3度と間引きを繰り返し、1株1〜2kgほどの大きな水菜に育てます。それを炊きものにして食べるのが、京都のおばんざいとして有名な「水菜の炊いたん」です。

　Iさん一家は、露地栽培であるにもかかわらず、出荷が始まる11月から翌年3月まで（早生から晩生まで）、休場日以外は毎日欠かさずに（ほぼ）同数を市場へ出荷できる栽培管理技術の高さと、栽培後の

株元の面取り作業の素晴らしさから、匠と呼ばれていました。

▷図表2－1

　著者がＩさん一家の作業場に行ったとき、思うように栽培できなかったことに対して、おっちゃん（当時80歳ぐらい）が息子さん（当時50歳半ば）を叱っていました。息子さんといっても、おっちゃんから代替わりして、しっかりとＩさんの名に恥じない水菜を出荷しており、市場では「匠」の域です。しかしいくら達人レベルとはいえ、潅水作業、播種のタイミング、気候のいずれかの判断を誤ってしまい、出荷が途切れたことを指摘されていたと記憶しています。その時のおっちゃんの言葉が次のとおりです。

「こんな奴（息子さん）、まだ30回しか作ってない。
　わしでも60回しか作ってない。」

　この言葉の意味がわかるでしょうか。大株の水菜は、基本的に年に１回の栽培なので、１年に１回しか作るチャンスがありません。つまり、30年かけて30回、60年かけて60回しか栽培を経験できません。さらにその１回ずつでも、毎年、気候や天候、雨の降り方といった条件が異なります。それにもかかわらず、安定した量や品質が求められます。他から「匠」と呼ばれる達人レベルでさえそうなのです。そういったところに、農業の奥深さや人材育成の難しさ農業があるとおっちゃんは言いたかったのだと思います。

　当時は「おっちゃんもキツイというなぁ」ぐらいに聞いていましたが、今は農業の労務管理に携わる身として、農業における人材育成の難しさを痛感する言葉です。と同時に、家族経営だからこそ、このような技術の伝承の難しさを乗り越えて、代々受け継がれてきたのではないかと考えます。

農家の家族経営主体の歴史と近年の変化

　農業とは、「地力を利用して有用な植物を栽培耕作し、また、有用な動物を飼養する有機的生産業」（広辞苑）です。その地力（いわゆる「農地」）については、農地法という法律があり、その第1条において、「国内の農業生産の基盤である農地が現在および将来における国民のための限られた資源であり、かつ、地域における貴重な資源であることにかんがみ、耕作者自らによる農地の所有が果たしてきている重要な役割も踏まえつつ、（後略）」と記載されています。つまり、農地は限られた資源であるため、その所有に関しては耕作者自らが行うことを基本理念としているのです。

　農地法そのものは昭和27年に施行されたものですが、戦後の農地改革以降、農業にとって不可欠な農地は、耕作者自らが管理、運営を行うという考えを基本にしているところから、「家族が伝承し、守る」ものと認識されてきました。つまり、主となる経営体は家族です。実際に、農業によって生計を立てている人や家庭を「農家」といいます。家族経営が中心であったことが、言葉を見てもわかるでしょう。先の水菜農家の例を見ても、そのとおりです。

　ですが、農業者人口の減少、農業従事者の高齢化、担い手不足など、様々な要因から農業によって生計を立てる農家が減少しています。

　図表2-2は、昭和元年から令和2年まで、ほぼ5年ごとに総農家の戸数の推移を集計したものです。昭和30年代以降は、いわゆる高度経済成長です。それまで、農業に従事していた農家の若者が、高度経

済成長とともに農業から離れ、地域から離れ、他の職業に就くように
なったことで、経済成長以降、急激に農家の戸数が減少しています。
　また、平成2年以降の「農林業センサス」では、農地を所有してい
ながら農家ではない戸数の統計も取っています（▷図表2-3）。

▷図表2-2　総農家戸数の推移

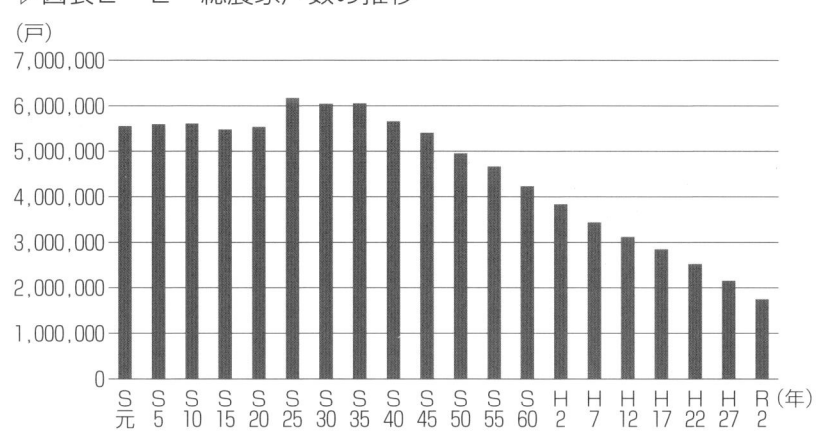

▷図表2-3　土地持ち非農家の推移

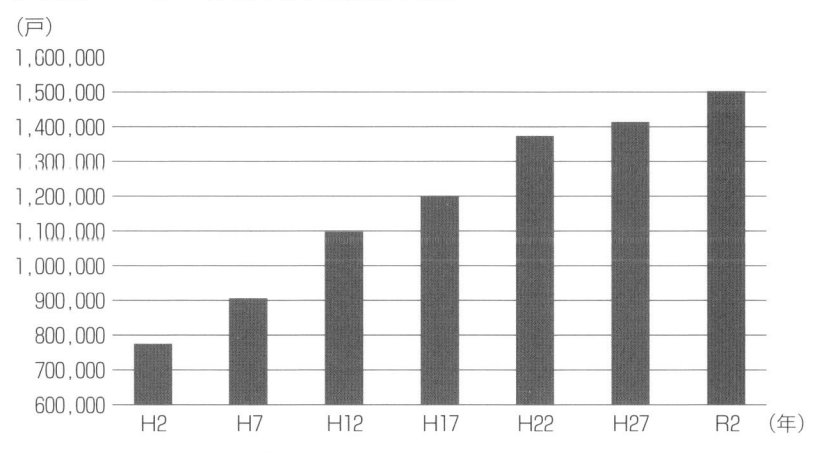

〈出典〉　図表2-2：「農林業センサス」より作成
　　　　　図表2-3：同上

第2章　農業と雇用の難しさ

　先代、もしくは先々代は農家であり、農地は所有しているものの、現在は農業を営んでおらず、非農家であるという家庭がこの30年で倍になっており、農業離れがよくわかるデータです。

　その一方で増えているのが、法人での経営体です。図表2－4は、平成17年以降の法人経営体数（左側の数値）と農業経営体のうち法人経営体が占める割合（右側の数値）を表しています。法人経営体が順調に増えていることがわかるとともに、農業経営体に占める割合も増えています。これは、農業経営体そのものは減少（家族経営などの減少）する一方で、法人での農業経営が増えているためです。

▷図表2－4　法人経営体数と農業経営体に占める法人の割合

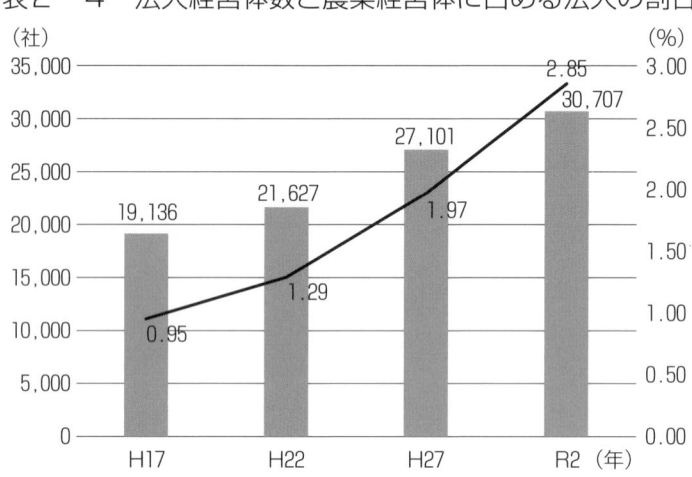

　令和4年の基幹的農業従事者数の年齢構成において、50代以下が全体の約21％（25万2千人）であることから、今後10年から20年先を見据えたとき、国としても、大幅に減少する基幹的農業従事者を少ない経営体で代替し、農業生産を支えていかなければならない状況であると認識しています（「令和4年度 食料・農業・農村白書」より）。つ

〈出典〉　図表2－4：「農林業センサス」より作成

まり、実情として、個人による農家経営から大規模経営の農業の在り方に変わってゆくことを仕方がないと捉え、取組みを始めている状況だといえます。

　ただ農業を、持続可能でありながら将来に向かい成長する産業にするためには、農業分野で人材を集めること、さらに、それを定着させることが不可欠です。しかし、長年家族での継承を奨励され、家族経営に慣れた農業に、いきなり今後は事業経営として取り組めというのも酷な話ですから、現状の農業の労務管理の実践から一般的な労務管理へ移行する支援、伴走が非常に大事になってきます。著者は初めて雇用を始める農業者に向けて労務管理研修などを行う場合、参加者の実情によっては、雇用契約の説明の前に次節のような内容から話を始めます。

「ヒト」の難しさ

　経営資源の話で「ヒト・モノ・カネ」はよく聞く言葉です。著者は、この中で「ヒト」が一番難しいと思っています。

　例えば、1日300束のほうれんそうを出荷する農家があるとします。今日はもう少し夜なべして、500束出荷しようとして、200束多く頑張りました。300束の出荷を500束にしたわけですから、相場が下がる可能性はありますが、200束分のお金はいつもより余計に入ってきます。つまり、限界はあるとしても自分の頑張りで何とか増やそうと工夫できるのが「カネ」です。「カネ」が増えると「モノ」が買えます。「カネ」と「モノ」は自分の頑張りで何とかなるので、これまでの家族経営を中心とする農業経営では、家族の頑張りによって「カネ」と「モノ」を確保してきました。ですが、「ヒト」はそうはいきません。なぜ、「ヒト」は他の経営資源と違うのかというと、「心」があるからです。人それぞれに「考え」があって、「想い」があって、「気持ち」があります。だから、「ヒト」が一番難しいのです。

　ここで、「考え」があるゆえの難しさを、我が家の洗濯カゴのルールを例にとって説明してみます。

　　　　　　　　　　🔔　　　　　　　🔔　　　　　　🔔

　私は、平成12年に結婚し、妻と子ども2人と一緒に暮らしています。

　妻は「今晩、洗うものはこっち（青い）カゴ。明日の朝に洗うものはそっち（赤い）カゴ。」というルールを決めており、脱衣所に洗濯カゴが2つ置いてあります。結婚するまでは、私か母が洗濯をしていたのですが、洗濯カゴは1つしかありませんでした。それが結婚してから2つ置かれるようになったことで、私は「脱いだ下着はどっちに入れるのか」と迷うのです。1日履いたものなので青いカゴに入れると、妻が「違う！」と怒ります。妻が言うには、「濡れた物（身体を拭いたタオルなど）は一晩おくと嫌な臭いがするので、夜のうちに洗濯したい。下着は濡れてないので明日でよい」という理屈なのですが、それが私には覚えられませんでした。私が間違える度に妻は説明をしてくれます。でも私は間違えます。結婚当初は、毎日といっていいほど妻に怒られていました。

　何度も間違える私に、妻は「覚える気がない」と言いますが、確かにそのとおりです。小さい頃から何も考えずに脱いだ物を洗濯カゴに入れていたため、意識して洗濯カゴを選択するという気が、まずないのです。そこで、2つの洗濯カゴを離すという対策を取りました。これだけで間違いも減りました。結婚して二十数年が経ち、怒られることは滅多になくなりましたが、今でもたまに注意されることはあります。

　他にも洗濯に関するルールがあります。脱いだGパンはボタンとチャックをとめることや、脱いだ靴下をまとめないことなどです。私としては、靴下がバラバラになってはいけないと思ってまとめてしまうのですが、妻は「まとめたところが洗えない」と言います。

　洗濯の場面だけとってもこれだけ指摘されるとなると、日常生活でどれほど指摘されるのか、ということは皆さんのご想像にお任せしますが、その一方で、子どもたちは怒られたことがありません。それはなぜかというと、小さい頃から身に付けたルールだからです。私は結婚するまで洗濯カゴが1つの生活に慣れていましたが、20代半ばになって2つの生活にな

りました。お風呂に入る前という、1日で一番リラックスする時間なだけに、無意識に脱いだ物をカゴに入れていたのです。しかし、同じ無意識であっても、子どもは的確にカゴを選ぶことができます。無意識の行動まで感覚を共有できないのは、言葉をおそれずに言えば、妻が他人だからです。

♫　　　　　♫　　　　　♫

　雇用に関する研修の場で、いつもこの我が家の話をします。理由は、「労働者は他人である」ということをわかってもらうためです。1日24時間、8時間は睡眠、8時間はプライベート、残り8時間が労働です。職場で8時間だけをともに過ごす他人と、何がわかり合えるでしょうか。

　農業はこれまで、24時間生活をともに過ごす家族との経営が主流であったため、何から何まで知っている者同士で仕事をしてきたことになります。農業において雇用を考えるときは、習慣や考え方にギャップがある可能性も理解しておかなければなりません。

　さらに注意すべきことは、作業にあたっていた家族の代替要員を雇用したとしても、作業能力が同じにはならない点です。家族経営だった農業経営者が雇用を必要とする場面の多くは、父親が高齢になり、子だけでは仕事が回らなくなったときです。経験したことがある人にはわかりますが、農作業を1人でこなすのは非常に困難です。これまでは、父親とその子（例えば息子）というかたちで家族経営されてきた農家において、父親が歳をとり、これまでの仕事ができなくなってくると、同時に一緒に仕事をしている息子に負担がかかってきます。

　例えば、父親と子がそれぞれ1日8時間ずつ仕事をし、うまく仕事が回せていたとします。しかし、父親が8時間の仕事をしても、半分ほどの量しかできなくなってきました。そうなると、子は父親の分も含めた時間以上の仕事をこなさないといけなくなります。

▷図表２－５　父親の高齢化による作業量の変化

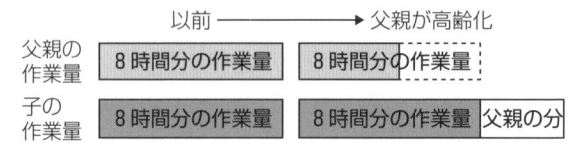

　そこで「雇用」を考えますが、雇用したとして息子は楽になるでしょうか。人が増えたからといって、すぐに息子が楽になるわけではなく、むしろもっと忙しくなることもあります。新人の８時間分の作業は、昔の父親がこなしていた８時間分には到底及びません。人によっては、今の父親の８時間よりも効率が悪いことがあり得ます。新人を育てながら、父親はやはり匠だったと実感するのです。となれば、雇用した人が父親の代わりになるまで、どれくらいの時間がかかるでしょうか。

▷図表２－６　未経験者を雇用してからの作業量の変化

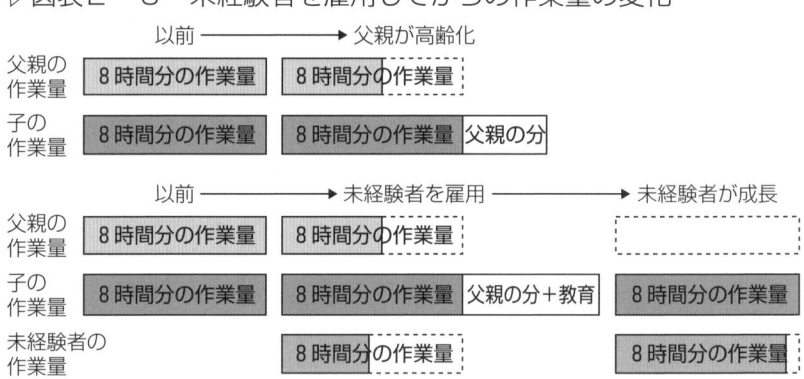

　農業は、基本的に１年に１度しか作業を経験できません。そこが他の製造業とは違うところです。加えて、自然との調和を図りながら、時期によって、土づくり、播種、育苗、定植、管理、収穫と作業が変わります。当然、複数の作物を栽培する場合は、作物によっても作業が変わります。

　年に数回収穫できるハウス栽培の場合は、同じ水菜であっても、冬の水菜と夏の水菜では成長具合が違いますし、灌水（かんすい）のタイミングも違います。軸の太さも葉の色も、食べられ方も違うのです。雨が多い年もありますし、雨がまったく降らない年もあります。台風が毎年同じ時期に来ることもあり得ません。

▷図表２−７　農業の１年

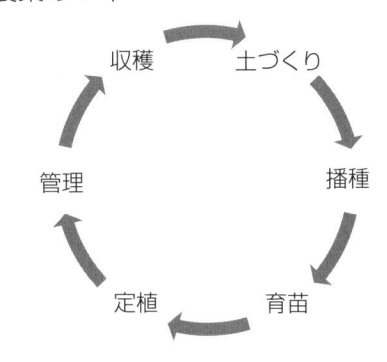

　また、果樹栽培などにあっては、冬の時期に剪定（せんてい）作業（不要な枝を切り、陽当たりや風通しをよくして、樹形を整える作業）を行いますが、その結果がわかるのは実がなる頃です。つまり、１年に１回の剪定作業の出来・不出来は、１年に１回の収穫時期にしかわからないのです。先に書いた「水菜のおっちゃん」の言葉「こんな奴（息子さん）、まだ30回しか作ってない。わしでも60回しか作ってない」のとおりです。

〈参考〉　土づくり……栽培するため、土の状態を整える作業。地力を高めます。
　　　　　播種……作物の種をまく作業。
　　　　　育苗……種から発芽させ苗を育てる作業。
　　　　　定植……育った苗を農地に植えつける作業。
　　　　　管理……水やりや追肥（ついひ）（肥料をやる）など作物の成長を見守る作業。

　どんな産業においても同じですが、特に農業では、人の育成、研修に力を注ぐ必要があります。父親が高齢になった農家で人を雇用したとしても、その労働者が30年経ってようやく1人前になるようでは、息子は30年間しんどいままです。農業における人材育成には、10年、できれば5年ほどで、しっかりと学んでもらう仕組みが必要なのです。

　また、家族経営から雇用を始めるにあたって、家族ゆえに無意識に身に付いていた習慣や常に身近にあった農業技術を、これらを一切持たないような農業に初めて携わる人に教えなければならないことに、農業の労務の難しさがあります。

第2節

雇用契約

 ## 雇用なのか、はっきりとしない関係

　著者が社労士試験に合格し、開業を迷いながら地元野菜の集荷業を行っていた頃に聞いた、2つの事例で説明します。

　1つ目は、青ねぎの生産者の例です。この生産者は、近所の人に皮むきの手伝いをしてもらっていました。聞けば、暇な時間だけ来てもらっているそうで、対価として金銭を支払っているわけではなく、その生産者の畑で穫れた野菜をあげているといいます。

　2つ目は、草刈りの例です。ある日、おじさんが自分の畑だけでなく、別の生産者が所有する隣の畑まで草刈りをしていました。話を聞くと「ついでやから、やったってる」といいます。もちろん、対価として金銭を受け取るわけではなさそうです。

　農家が集まる地域では、このような事例はよくあることです。ただし、2つの事例とも、金銭のやりとりがない点に注目してください。

　民法における「雇用」、労働基準法における「労働者」「使用者」および「賃金」の定義は、以下のとおりです。

民法（抜粋）

（雇用）

第623条　雇用は、当事者の一方が相手方に対して労働に従事することを約し、相手方がこれに対してその報酬を与えることを約することによって、その効力を生ずる。

労働基準法（抜粋）

（労働者）

第9条　この法律で「労働者」とは、職業の種類を問わず、事業又は事務所（以下「事業」という。）に使用される者で、賃金を支払われる者をいう。

（使用者）

第10条　この法律で使用者とは、事業主又は事業の経営担当者その他その事業の労働者に関する事項について、事業主のために行為をするすべての者をいう。

（賃金）

第11条　この法律で賃金とは、賃金、給料、手当、賞与その他名称の如何を問わず、労働の対償として使用者が労働者に支払うすべてのものをいう。

　先の事例の2人は、報酬や賃金を受け取っていません。また、2人も、お願いした農業者も（2番目の例はお願いもしていませんでしたが）、そんなに深く考えておらず、単純に「手伝い」と捉えているように思います。

　実は、農業においてこのような関係は、地域内であればよくあることです。例えば、田んぼに水を引き入れるための溝掃除をみんなで行う「溝普請（みぞふしん）」です。地域の溝の多くは、農業用水路（用水路・排水路）として使われ、田畑に農業用の水を導く大切なものです。その用水路の草刈り、掃除、泥上げなど、日常的な管理は地域住民（主に農業者）で行われるようになっています。このように、地域の田畑は地域で守るという習慣が根付いているのが農業です。

　例えば、先の例で、もし「ねぎの皮むきを手伝ってくれてありがとう、これお礼」として金銭を渡せばどうなるでしょうか。3時間手伝ってもらったから、3,000円として支払えば、その3,000円は労働（ねぎの皮むき）の対償としての金銭ということができ、雇用関係だということができないでしょうか。

　社労士である著者にとって、そのように認識をすることは当然でしたが、地域の中で田畑を守るという意識で生活してきた農業者は、どの時点から「雇用関係」として認識するのでしょうか。著者が農業経営者向けに行った研修で最初に知ったのは、その認識の違いでした。

　ここで、次の①～④のような場合について、雇用と判断できるのか、それとも当てはまらないのか、考えてみましょう。

①　草刈りが大変だからと、お隣さんが手の空いているときにやってくれた。「悪いから」とお礼のつもりで5,000円支払った。

②　イチゴの収穫が忙しく、来ることができるときだり、妻の友人に手伝いを頼んだ。お礼として15,000円とイチゴを持って帰ってもらった。

③　近所の若い生産者に、1反分のねぎの収穫作業をお願いし、先に50,000円渡した。

④　元従業員で独立した人が「まだ食べていけない」というので、3反ほど管理を任せ、月に80,000円渡している。

　さて、それぞれの事例は、一見すると雇用契約にみえなくもないですが、少し違うようにもみえます。皆さんはどのように考えるでしょうか。

　そもそもこれだけではわからないという人も多いはずです。先にも書きましたが、昔からの習慣として、このようなやりとりはよくありました。しかし、それほど大きな問題になったと聞いたことはありません。理由は、地域内で発生していたことであり、お願いするほうもお願いされるほうも、それほど深く考えずにお願いし（引き受け）ていたからではないでしょうか。つまり、権利義務に固執しなかったのです。

　ただ、法人化が進み、地域以外の人を雇用就農者として受け入れることが当然となってきている今の農業経営においては、業務の対価としての金銭の支払いをしっかりと意識しており、「深く考えずに」ということはあり得ません。金銭を支払うとなれば、どのような関係であっても契約が発生し、権利と義務が発生するのは当然のことで、法人経営であれば、その義務は法人にかかってくることは認識していないといけません。

　では、何かしらの契約関係があったとして、雇用以外の関係（契約）となると、何が当てはまるのでしょうか。

◆ 雇用と請負

　民法では、人の役務を利用する契約（役務提供型契約）に、大きく3種類のかたちを想定し、規定しています。

- 雇用契約（民法第623条）
- 請負契約（民法第632条）
- 委任契約／準委任契約（民法第643条／第656条）

　委任契約／準委任契約とは、わかりやすくいえば、専門家に仕事を

任せる契約です。委任契約は法律行為を、準委任契約は法律行為以外の事実行為（事務処理）を任せる契約なので、①〜④の事例や農業と労務の関係でいえば、可能性がまったくないことはありませんが、農作業という業務を考えると違うといえます。となると、考えられるのは、雇用契約と請負契約です。請負は民法でこのように規定されています。

民法（抜粋）

（請負）

第632条　請負は、当事者の一方がある仕事を完成することを約し、相手方がその仕事の結果に対してその報酬を支払うことを約することによって、その効力を生ずる。

雇用と請負の違いをわかりやすくいえば、結果に対して報酬を支払うのが請負であり、その労働（行動・行為・作業）に対して報酬を支払うのが雇用です。もう一度先の事例を見返してみます。

①については、もう少し、わかりやすく例を出して説明します。便宜上、AさんにBさんが1反分の草刈りをお願いし、完了までに2日かかる作業だとします。しかし、Bさんはあまりにも重労働だったので、1日で投げ出して辞めてしまいました。

（1反分の草刈りという）結果に対して報酬を支払うのが請負契約です。契約であれば不完全となり、AさんがBさんに報酬を支払う義務はありません（ただし、半反分の作業として報酬を支払う義務が存在する場合があります）。一方、これが雇用契約であれば、1日分働いたことに対する報酬を支払う必要があります。

　請負と雇用の違いを強調して極端に書きましたが、請負では、お願いしたこと（事項）を完成させることを約束して、実際に完成させ、その結果として報酬を受け取り（発注したほうは報酬を支払い）ます。一方、雇用では、お願いしたことのうち、行ったことに対して報酬を支払います。つまり、完成したかは気にしません。

　ただし、契約の名称だけで請負契約となる、雇用契約となるのではありません。労働法制には、労働者を保護するという大きな目的があります。契約の名称がどうであれ、実態的に、「労働（指揮命令下で働いており、その対価としての報酬が支払われている）」であれば、労働法制において保護されるべき対象です。つまり、「雇用契約」として評価されます。すると、一連の労働関係法規が適用されることとなり、不測のトラブルが発生する可能性も出てきます。

　そのような事態を防ぐためには、労働者となり得るかどうか（以下、「労働者性」といいます）を理解したうえで、まずは、お願いする側が、請負契約とするのか、雇用契約とするのかをはっきりと認識し、実態と合わせる必要あります。

　雇用か請負か、はっきりしない状態で役務の提供を受け、もし、その役務が原因でケガをさせてしまった場合、労基法第8章（災害補償）が適用されるかどうか判断がつかないことになってしまいます。雇用であればそのケガの責任は、雇用している側が負うということになりますが、請負であれば自己責任です。責任の所在はどちらなのかをしっかりと認識しているなら対策をとれますが、どっちつかずだと対策もとれません。そのため、どっちつかずの状態が一番危険なのです。

◆ 労働者性

　労働者性については、「労働基準法の『労働者』の判断基準（昭和60年12月19日労働基準法研究会報告）」を用います。そこでは、大きく「使用従属性（指揮命令の有無）」および「労働者性補強要素（事業者性の有無）」により判断されています。これらは、1つの判断要

素であり、いくつ当てはまれば労働者と判断できるというものではありません。

▷図表2－8　労働者性の判断要素

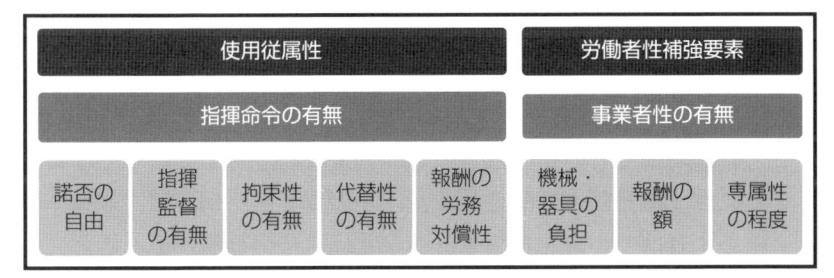

(1)　指揮命令の有無を判断する要素

①　諾否の自由

　　使用者の具体的な依頼に対して、断ることができるのかどうか、が論点です。具体的な仕事の依頼、業務従事の指示に対して拒否する自由を有しない場合、指揮監督を推認させる（雇用関係となる）重要な要素となります。

②　指揮監督の有無

　　業務の内容や遂行方法について、具体的な指示や命令を受けているかどうか、が論点です。しかし、その程度が問題であり、注文者が行う程度の指示にとどまる場合は指揮監督を受けているとまではいえません。

③　拘束性の有無

　　仕事の始業・終業時刻や勤務場所が指定されているか、が論点です。指揮監督の基本的な要素となります。ただし、安全を確保する必要があるなど、必然的に時間と場所が指定される場合もあり、見極めが必要となります。

④　代替性の有無

本人に代わり、他の者が労務を提供することが認められるのか否か、また、本人の判断で補助者を付けることができるのか、などが論点です。

⑤　報酬の労務対償性

報酬が使用者の指揮監督の下、一定時間労務を提供していることに対する対価と判断されるか、が論点です。例えば、遅刻や早退をすればその分を控除されるなどは、その報酬が働くことによる対価であると判断される要素になります。

(2)　事業者性の有無を判断する要素

①　機械・器具の負担

作業で使用する機械・器具の価格や所有者が論点です。本人が所有する安価な物であれば問題はありませんが、著しく高価な機械・器具を、会社の物ではなく、自らの物を使うとなると、自らの計算と危険負担に基づいて事業経営を行う事業者としての性格が強くなり、労働者性は弱まることとなります。つまり、請負関係と判断されやすくなります。

②　報酬の額

同様の業務に従事している正規従業員に比べた報酬の額が論点です。著しく高額である場合、労務提供に対する賃金ではなく、自らの計算と危険負担に基づいて事業経営を行う事業者としての性格が強く、労働者性を弱めることとなります。つまり、請負関係と判断されやすくなります。

③ 専属性の程度

　他社の業務に従事することが制約され、時間的余裕もなく、事実上困難である場合は、専属性が高く、経済的にも従属していると考えられ、労働者性を補強する要素の1つとして考えられます。つまり、雇用関係と判断されやすくなります。

　これらの要素を考慮し、実態を見て、労働者性および事業者性が判断されることとなります。そこで労働者であるとの判断がされれば、労働各法の適用がなされることとなります。

　著者は農業経営者に向けた研修の依頼があったとき、参加者の規模や現状を聞き取り、初めて雇用をする人が多い場合は、このような話からすることにしています。その理由は2つあります。

　1つは、地域で助け合うという関係が強かった農業経営にあっては、他人に役務をお願いするにも、先に書いた「手伝い」のような関係の延長線上と捉える経営者もいるからです。もう1つは、法人経営となることで、契約の主体が法人となり、権利義務の関係をしっかりと定めておかないと、経営上のリスクになり得るからです。

　労務研修という、「雇用」を前提とした研修なのになぜと考える人もいると思いますが、まずはこの線引きをしっかりと認識させ、「どっちつかずが一番危険」であることを理解してもらわなければなりません。決めていれば備えることができますが、決めていないと備えられず、その状態がリスクになることを説明する必要があるのです。

なぜ労働者保護の法律があるのか

　皆さんは「なぜ、労基法という労働者保護の法律があるのか」「どうしてその法律を守らないといけないのか」と問われたら、何と答えるでしょうか。

　著者は、社労士として開業した平成13年から、いろいろな社長と話をする機会がありましたが、労基法は「人を雇用するときに守らなければならない法律」と認識されているように感じます。多くの会社では、雇用を当然として事業経営に取り組んでいるので、「守らなければならない法律」という認識の下、労務管理に取り組んでいます。ただ、これから人を雇用する農業経営者の中には、やむなく雇用という人もいるでしょう。

　ここ十数年で、意識的に相当変わってきたとは思いますが、未だに「そもそもどうして労基法を守らないといけないのか」「なぜ、そのような法律があるのか」という疑問を持つ人も多いです。そのため、研修の場でも、この説明から話を始めることは多くあります。

　当たり前のことですが、雇用も契約です。契約には大きな原則があり、そのうちの1つが「契約自由の原則」です。極端な例ですが、柑橘類の果物を買いたいお客さんが果物屋さんに行ってリンゴしかなかった場合、「買わない」という選択ができます。契約は、当事者の自由な意思の下で成立するというのが契約自由の原則です。

　では、「売りたい人」を農業経営者として、「買いたい人」を取扱業者として想定するとどうでしょうか。いわゆる青果物は天候、気候によって収穫量や規格が大きく変わるため、安定的に仕入れることができる仕組みとして市場流通がありますが、法人化が進み、市場流通を

▷図表2-9　契約自由の原則で直接取引をする場合

合意の下、売買契約不成立　→　それぞれに権利義務は発生せず

売りたい人	←売買契約→	買いたい人

- キャベツを100ケース売りたい
- 1ケース800円以上で売りたい
- 支払いは現金でも、掛け売りでも構わない
- 収穫は明日なので、明日配達する
- 運送費は別途もらう

- キャベツが80ケース欲しい
- 1ケース750円で欲しい
- すべて8玉（Lサイズ）がよい
- 明日以降に配達してほしい

介さずに自らが販売するケースも増えています。ここでは、そのような直接取引の場合とします。

例えば、キャベツを作っている農業経営者と仕入業者とのやりとりで、買いたい人は「80ケースでいい、すべて8玉（Lサイズ）で欲しい」と要望していますが、農業経営者からすると、8玉ばかりで80ケース（640玉）をそろえようとすると、時期によっては、相当な選り刈り（選別しながら刈り取ること）をするか、刈った後で640玉を選別（その過程で相当なロスが出る）しなければなりません。Lサイズのみで80ケースというのは、相当な手間がかかります。

結果、売りたい人と買いたい人のそれぞれの事情を考慮した交渉の末に「6玉（3L）まで入れた100ケースで、1ケース720円」と条件が変更されて契約されることもありますし、不成立の場合もあります。この判断は、当事者の自由が保障されているからです。

これを踏まえて、「雇用契約」はどうでしょうか。

▷図表2－10　雇用契約で取引する場合

雇用契約成立 → それぞれに権利と義務が発生

・労務の提供を受けることで発生する賃金を支払う義務
・整えた場と機会で働きたい人から労務を受ける権利

・与えられた条件・環境で働く義務
・働くことで賃金をもらうことができる権利

雇いたい人 ⟺ 雇用契約（民法第623条） 働きたい人

・農作業をしてほしい
・朝6時〜夕方4時まで働いてほしい
・1時間200円でお願いしたい

・仕事がしたい＝お金が欲しい
・すぐにでも働きたい。体力には自信がある

雇用関係であれば、雇いたい人と働きたい人は、どちらも自由な立場で契約できるのでしょうか。働く条件や方法（何をどうするか）は雇いたい人が決定し、必要な道具、機械も雇いたい人が用意します。すべて用意された状況の中に、働きたい人は飛び込むこととなります。

今の時代、図表2−10のような1時間200円、8時間1,600円の仕事は
あり得ないかもしれませんが、まったく食事ができておらず、朝昼晩
と食べるお金だけでも欲しいと思う人がいたら、働きたいと考えるか
もしれません。そのように考えると、どう考えても「働きたい人」の
ほうの立場が弱くなってしまいます。

　この立場を対等にさせているのが、労基法等の労働各法なのです。
どこで仕事する、どんな仕事する、どのような手順で仕事する、何時
から何時まで仕事するなど、働く条件は雇いたい人が決めるので、も
ちろん労働の対価である賃金も雇いたい人が決めることになります。
　そこで、最低限の賃金を決める仕組みとして最低賃金法があるので
す。雇いたい人の中には「最低賃金が高すぎる」「法律が厳しすぎる」
「労働者にとって有利すぎる」などと考える人もいるかもしれません
が、それはあくまでも程度の問題ではないでしょうか。
　実際には、労基法に満たない条件で契約を行ったとしても、その部
分については無効となり、労基法に規定される条件が補充されます（労
基法第13条）。このような対等を担保する仕組みはあるものの、基本的
には雇いたい側が決めた条件で働くのが雇用契約です。

　となると、働く人は雇う人に何を提供しているでしょうか。それは、
少し語弊があるかもしれませんが、万人に平等にある「時間」だとい
えます。「働く」時間を雇う人に提供することになるので、労基法ほ
か労働法では、「労働時間」が最も大事な労働条件と考えられています。

第3章

農業と労働条件

　本書は、労務管理の内容をすべて網羅することを目的としているものではなく、あくまでも農業や畜産業などにスポットを当てた内容となっています。労務管理全般の詳細については、一般的な労務管理の書籍等を参考にしてください。

　また、本章で取り上げる労働条件は、労務管理という大きな枠の中の一部であり、かつ、他の産業と異なる取扱いをすべきところを中心に見ていきます。特に雇用を開始するときに必要となる最低限の労働条件の決定方法として、労働条件通知書と就業規則に着目して説明していきます。

第1節　農業と雇用契約

　前章では、著者が農業経営者向けの研修を行うとき、「労働者は他人である」ということや「雇用とは何か」から話を始めることもあるとお伝えしました。

　雇用契約の説明をするにあたっても、例を交えながら、理解してもらえる伝え方を心がけています。普段はパワーポイントを使っていますが、本書では4コマ漫画を用意したので、参考にしてみてください。

　ストーリーは、桃太郎が鬼ヶ島に鬼退治に行くことになり、仲間を募集し、雇用契約を結ぶという流れになっています。

家族経営の破綻〜桃太郎　断られる〜

4コママンガ：菜和作

村で鬼が暴れまわっています。

そこに、村を守ろうと成長した桃太郎が登場します。

「このままでは村が壊されてしまう、みんなで一緒に鬼退治に行こう！」と声をあげました。

しかし、育ててくれたお爺さんとお婆さんをはじめ、この村には高齢者が多く、断られてしまいました。

ストーリーは「求人〜桃太郎　募集をする〜」に続きますが、ここで一旦脱線をします。

第3章　農業と労働条件

43

　もし、お爺さんとお婆さんが桃太郎と一緒に鬼退治に行っていた場合、桃太郎は2人に賃金（きび団子とします）を支払う義務はあるでしょうか。

　答えは、「お爺さんたちは家族なので賃金を支払う義務はない」となります。これが、従来の農業（農家）なのです。農家は、父母、妻が手伝ったとしても家業であるため、賃金を支払う（雇用）という考え方ではありません。

　ただし、賃金を支払う必要がない家族経営の農業であっても、家族全員が働きやすい環境を整えるべきです。ここでは「家族経営協定」を紹介します。

番外　家族経営協定

　農林水産省のHPによると、「家族経営協定とは、家族農業経営にたずさわる各世帯員が、意欲とやり甲斐を持って経営に参画できる魅力的な農業経営を目指し、経営方針や役割分担、家族みんなが働きやすい就業環境などについて、家族間の十分な話し合いに基づき取り決めるもの」をいいます。

　大規模化や法人化が進んでいる農業ですが、家族経営を続けるところも多いはずです。というのも、大規模化や法人化というのは、どうしても営利目的となり、そのためには分業化が進み、効率を求めるようになりますが、農業には職人的な部分も多くあります。京都の水菜農家Iさんのように「匠」と呼ばれる高みを追求するには、どうしても家族経営という経営手法でないと維持できないものがあるのです。

　家族経営協定の目的について同HPでは、「家族経営協定の締結をきっかけとして、目指すべき農業経営の姿や、家族みんなが意欲的に働くことができる環境整備について、家族間で十分に話し合うことが、農業経営の改善につながります」と説明しています。

　具体的に協定する内容は、休日や労働時間の設定、主として取り組

む役割分担の内容などです。協定をすることによって、認定農業者が利用できる「農業経営基盤強化資金」等を共同申請できる、農業者年金の保険料を一定割合で助成されるなど、経済的なメリットもあります。

　例えば農業の現場では、夕方になると、奥さんは早くに自宅に戻り、旦那さんは残って農作業するという光景は、よく目にしてきました。奥さんが早く帰るのは仕事が終わったからではなく、家に帰って夕飯の支度をするためです。夕飯の支度は、直接的に農業ではありませんが、「仕事」ではあるはずです。

　家族経営協定では、この夕飯の支度も、大きく農業（いわゆる家業の１つ）として、家族で認識する考え方を取り込むことができます。また、夕飯の支度の他にも家事、育児、介護などは、直接的に利益を生み出すものはありませんが、利益を生み出す家業としている農業を支える仕事です。つまり、子ども（息子さん）が結婚し、配偶者（お嫁さん）を迎えて、妊娠、出産、育児をするとなったとき、ここにかかる時間も大きく捉えて「家業の１つ」とするわけです。

　いわゆる「農家の嫁」ではなく、家業の一員として、しっかり権利を協定することは、個人的には素晴らしい制度だと考えます。

　図表３−１（次頁）は、著者がこれまでたくさんの農家を見てきた中で、よくあると思う農家の役割分担を例にとって作成した家族経営協定です。

▷図表3-1　●●●農園　家族経営協定

（目的） 第1条　我が家が、継続的に世帯同士で 　　　お互いに協力し合い、農業経営に従 　　　事できる環境を整えるため、お互い 　　　の責任と自覚を明確にし、その責任 　　　を尊重しつつも家族の中で協力し合 　　　い、皆が健康で明るい暮らしを実現 　　　するために本協定を締結する。	（報酬に関すること） 第5条　経営主は、後継者に報酬を現金 　　　で支払うものとする。 　　　　後継者　　　月　　　　　円 　　　　　収益に大きく変動があった場 　　　合、適宜家族間で協議し、その額 　　　を変更することがある。 　　2　第3条の会議において、前項の金 　　　額は毎年見直す。また、経営状況に 　　　よって賞与を支払う場合がある。

（役割分担）
第2条　担当する役割は以下の通りとす
　　　るが、お互いが各々の業務を尊重し、
　　　協力し合うこと。また、家事につい
　　　ても、できる限り協力し合い、誰か
　　　に偏ることがないよう、配慮する。
　　経営主：果樹及び野菜の栽培管理、
　　営業、経営全般の総括、税申告など
　　経営に際しての必須業務を管理
　　経営主の妻：栽培補助、販売、伝
　　票整理、簿記、家計管理、食事の支
　　度、介護、育児、家事全般
　　後継者：果樹及び野菜の栽培管理
　　補佐、販売、育児、経営主の補佐
　　後継者の妻：販売補助、伝票整理、
　　記帳補助、育児、後継者家族の食事
　　の支度他家事全般

（会議の開催）
第3条　年に1回（12月25日～末までの間）、会議を開催し、当該年の農業経営及び生活についての大まかな収支を含めた状況について話し合う。

（労働時間及び休日）
第4条　1日の労働時間は基本的に農繁
　　　期が10時間以内、農閑期が8時
　　　間以内とし、休憩は毎日昼食をと
　　　れる程度の時間を確保する。
　　2　休日については、1週間に1回を
　　　原則とし、農繁期については、家族
　　　で話し合い、決定する。
　　3　農閑期にそれぞれの世帯が1週間
　　　程度の休暇がとれるように努める。

（家計費）
第6条　家計費は、それぞれの世帯の長
　　　が負担することを原則とし、それぞ
　　　れの妻が管理する。

（経営移譲に関すること）
第7条　経営移譲については、後継者夫
　　　婦の意向を踏まえながら、今後経営
　　　主夫婦が検討する。

（その他）
第8条　この協定書に規定されている以
　　　外の事項については、その都度家族
　　　間で協議の上、決定する。

（付則）
この協定書は、令和　　年　　月　　日
より実行する。
有効期限は、実施日より1年間とし、毎
年見直しを行う。

協定締結者
　　　　　　　　経営主
　　　　　　　　経営主の妻
　　　　　　　　後継者
　　　　　　　　後継者の妻
　　立会人　　　立会人
　　　　　　　　立会人

◆◆ 求人〜桃太郎　募集をする〜

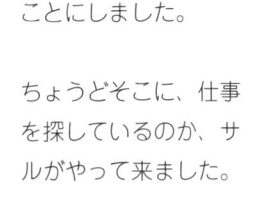

お爺さんとお婆さんに手伝ってもらえなかった桃太郎は、一緒に鬼退治に行ってくれる仲間を募集（求人）することにしました。

ちょうどそこに、仕事を探しているのか、サルがやって来ました。

やる気になってくれたサルに、桃太郎が示した契約書（労働条件通書）は以下のとおりでした。

〈参考〉　図表3−1：公益社団法人日本農業法人協会「農業版女性が働きやすい
　　　　　職場づくりポイントガイドブック　家族経営編」

47

契約書

- サルは桃太郎とともに鬼ヶ島で鬼退治を行う。
- 桃太郎は、サルに対して、村を出発してから帰るまでの間、毎日10個のきび団子を渡す。

桃太郎は、これがすべてのような気でいますが、サルはどう思うでしょうか。「鬼はどのような大きさなのか」「鬼はどのような恰好をしているのか」「鬼に弱点はあるのか」など、サルにはまったく伝わりません。この内容だけでは、相対する初めての鬼に対してわからないことが多すぎて、不安をおぼえるのは当然です。一方の桃太郎は、さすがに「鬼がどのようなときに現れて、休むのか」といった習性は下調べ済みです。そのため、この2つの項目ですべて説明できたと思い込んでいるようです。

前章でも書いたように、働きたい人は、雇いたい人が整えた条件と引き換えに自分の時間を提供します。つまり、サルは、桃太郎の管理監督の下、桃太郎が整えた条件で労働するのです。その条件が先の2項目だけであれば、不安に思うでしょう。

例えば、桃太郎が10年かけて鬼退治をするつもりでいても、サルが働きたいのは1年だけかもしれません。また、サルは、夜は眠りたいと思っていても、鬼が動き出す時間が夜であれば、労働する時間は夜になります。さらに「戦う武器は用意してもらえるのか」「どのように戦うのだろうか」など不安は募るばかりです。

このような働くときの不安を取り除くためにあるものが、労働条件であり、就業規則です。このような会社のルールがしっかりと決まっていればいるほど、働く側は働く前にイメージができ、安心して職場に向かうことができます。

　特に農家が雇用を開始するときは、働く人が向かう職場は農家の自宅横の農小屋である可能性があります。そして、小屋の中にすべてのものが揃っていることもありますが、揃っていなければ、農家の家で借りることもよくあります。

　そのわかりやすい例がトイレです。農家が雇用を開始するにあたって、最初に従業員用のトイレを整備することは稀です。大きな事務所に就職するなら別ですが、トイレは農家のトイレを借りることになります。読者の皆さんは、知り合いの家でトイレを借りるときに、ちょっと緊張したことはありませんか。相手は「まったく気にしなくてよい」と言ってくれますが、なぜか緊張してしまうものです。そのちょっとした緊張を感じ取れるかどうかは、雇われる側の不安に寄り添えているかの指標の1つになるかもしれません。

　雇われる側の不安を取り除くためのものが労働条件であること、さらに、雇う側よりも雇われる側に不安があることへの理解が、雇う側には必要だと考えます。もちろん、農業に限ったことではなく、どのような会社であってもしっかりとした労働条件の明示は必要ですが、初めて雇用をする農家の場合は特に、雇われる側の不安に寄り添う気持ちを持って、労働条件通知を作成したり、労働者を迎え入れたりするように伝えています。

第3章

農業と労働条件

雇用契約書の内容〜桃太郎　悩む〜

やはり、これだけでは不安だと、サルは桃太郎に他の条件を尋ねることにしました。

サルは、

- 仕事は朝からですか？
- 休日はどうなっていますか？
- 休憩もありますか？
- ケガしたときの補償はありますか？
- いつまでの契約ですか？
- 5年も6年もだと、さすがに難しいです。

など、契約書に書かれていない不安な点を桃太郎に伝えました。

なるほど、と桃太郎。

「それではこれで」と新しい契約書を提示しましたが、これがまた、何ともいえない条件が記載されたものでした。

通知書

①　契約期間は10年。更新はしない。

②　サルは鬼ヶ島で鬼退治を行う。

③　基本的に毎日。鬼が現れて帰るまで。

④　休憩は適時（鬼が休憩している間）。

⑤　休日は鬼が出てこない日。

⑥　毎日きび団子10個。

⑦　有給休暇は、なし。

⑧　弱いと辞めてもらうときもある。

⑨　ケガしたときは、保険から（労災）。

⑩　武器はこちらが用意する。

　これを見て、皆さんはどのように感じましたか。一見すると、しっかり書かれているような気はしますが、よく見ると「わかるようでわからない」と多くの読者が感じたと思います。「③鬼が現れて帰るまで、毎日仕事」「④鬼が休憩しているときが休憩」「⑤鬼が出てこない日が休日」では、何時に仕事が始まって何時に終わるのか、休みはあるのかなど、まったく読み取れません。

　実はこの労働条件の内容は、著者が労基法第15条、労働条件の明示を農業者に説明したときの反応とよく似ています。それは、「農業って、365日仕事なんです。そらぁ、雨が降ったら休むし、雪が積もったら仕事できひんけど。そんなんいつ降るかわからへん。毎日、野菜は大きなる。朝も、陽が出たら畑でるし、陽が沈んだら家帰る。そんなん、時間なんて、約束できひんで」というもので、1次産業の特徴です。

　しかし、朝陽とともに仕事を始め、暑くなると帰宅し、夕方に出かけて日暮れとともに帰ってくるといった、よく知っている農業の姿は、家族経営だからできていた働き方です。それを家族でない人も同じよ

うにはできません。その辺りの話（働く環境は雇う側がすべて整える）は、前章でお話したところです。

 ## 法律に基づく労働条件通知書〜桃太郎　納得する〜

自分で考えた条件を、サルに「わかりにくい、不安だ」と言われた桃太郎。何を書けばよいのか、迷っています。

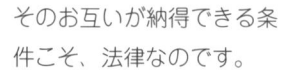

双方が納得できる条件を記載すればよいのですが、その納得できる条件が、わからない様子です。

そのお互いが納得できる条件こそ、法律なのです。

日本の法律は、国会議員の議決によって国会が制定する、社会規範となるものです。社会規範を軸にして記載することで、雇う側も雇われる側もお互いが納得する条件になります。

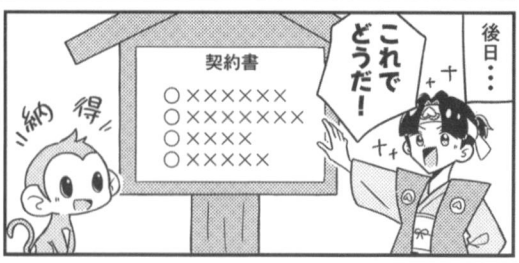

労働契約に限らず、法律の定めや社会規範を意識することは、経済活動を担ううえで非常に重要です。

以下が、天の声？をもとに、法律に則って書いた労働条件通知書です。

労働条件通知書

【契約期間】　①　R×.10.1〜R○.9.30　更新はしない。

【業務内容】　②　サルは鬼ヶ島で鬼退治を行う。

【労働時間】　③　8：00〜17：00（残業あり）
　　　　　　　　　ただし、鬼がいつ現れるか、約束できないため、現れる時間によって変更する場合がある。
　　　　　　　　　休憩：60分　キジと犬とで交代

【休　　日】　④　毎月6回、シフト制（前月20日に通知）
　　　　　　　　　ただし、鬼は頼んだら暴れないでいてくれるわけではないため、出現具合によって変更する場合がある。

【賃　　金】　⑤　1か月180時間として、月給を定める。
　　　　　　　⑥　1か月きび団子300個。末締め、翌10日払い。

【そ の 他】　⑦　有給休暇は、法定どおり。
　　　　　　　⑧　体力的に業務が難しいと思ったときは、声をかけて、相談させてもらい、辞めてもらうことがある。
　　　　　　　⑨　労災・雇用保険に加入（社会保険の加入はなし）。

契約期間、業務内容、就業場所、始業・終業の時刻、休憩、休日、賃金、解雇など、法律で明示しなければならないことは記載されています（昇給や賞与の有無などは割愛しています）。

例えば、始業・終業の時刻に関しては「鬼が現れる時間によって、繰り上げるもしくは繰り下げることがある」と規定しています。鬼はこちらの事情など関係ないので、朝早くから現れることもあれば、夕方を過ぎても帰らないこともあります。上記の例は、鬼が暗い時間には現れない習性を持っていた場合です。逆に、鬼たちが夜に活動する

習性を持っていたならば、夜の勤務時間にすべきでしょう。

　休日については、月6回と決めてはいるものの、鬼と約束している
わけではありません。休日であっても鬼が現れて、キジと犬だけでは
対応に不安があるときは出勤してもらうといったところでしょうか。

　他にも「1か月180時間として月給はきび団子300個」「有給休暇は
法定どおり」「体力的に業務が難しいと思ったときは、声をかけて、
相談させてもらい、辞めてもらうことがある」「労災・雇用保険に加入」
などの記載があります。前回の通知書と比べると、格段に働く条件が
見えやすくなったのではないでしょうか。

番外　コンプライアンス

　皆さんは、もしこの世から法律がなくなったらどうなるか、考えた
ことはありますか。法律がなくなれば、「北斗の拳」の世界、つまり「犯
罪がない世の中」になってしまいます。「犯罪」とは、簡単にいえばルー
ルや取決めを破る行為です。ルールや取決めに当たる法律がなければ、
それを破る行為である犯罪もなくなります。これが「犯罪のない世の
中」というわけです。

　その昔、漫画の世界ではなく、本当に犯罪のない世の中がありまし
た。それは戦国時代です。室町幕府衰退により各地域で力をつけてき
た戦国大名による統治が各国（日本国内の地域ごと）で始まりました。

　そんな時代において、地域をしっかりと安定した社会にするため、
つくられたのが分国法というものです。戦国時代は、領土拡大のため
に他国への侵攻を謀る一方、隣国からの侵略行為からの防衛、さらに
は部下からの謀反や行政に不満を抱いた領民からの一揆など、取り組
まなければならない課題が山積していました。そのため、自らが支配
する国を強固なものとする必要があり、部下の統制を図ったり、領地
の支配体制をしっかりと整えたりするため、独自の法律をつくって秩
序を保とうとしたのです。

　有名な武田信玄も「甲州法度次第」というものを制定しました。上下（上巻57ヶ条、下巻99ヶ条）からなり、領国内の家臣や領民の生活するうえでのルール、争いごとが起きたときの解決方法、土地の売買や年貢滞納についてまで、非常に多岐にわたる内容となっています。その中でも大きな特徴は、「法律の尊重」が明記されていたことです。法律を作った武田信玄もその法に拘束されることが記されており、法に不備や執行上の問題があれば、身分を問わず訴訟を申し出ることが容認されている内容となっていたのです。

　近年、コンプライアンスという言葉をよく耳にします。法令遵守の意味で使われるケースが多いように思われますが、法令以外にも、公序良俗などの社会的規範や倫理観に従って、公正・公平に業務を行うことをコンプライアンスといいます。コンプライアンスを遵守することで、信用が生まれ、単になる契約関係だけではない、強い結びつきとなります。

　武田信玄が作成した「甲州法度次第」の内容そのものは、論語・孟子などの中国の古典を多く引用した、日常行為の規範となるべき道徳論的な内容となっています（三浦周行『武田家の法律「甲州法度」』）。この道徳論的な内容を、統治者である武田信玄も守ると宣言していることが大事です。自身も「法律を尊重」すると明記していることで、家臣や領民からの信頼を得ることとなります。

　労働契約の中身も同じことがいえます。労基法という労働条件を規定した法律があり、それに添った内容を規定された書き方で記載することで、双方が納得した中身となります。一部適用除外となっている農業であっても、この考え方は同様です。

第2節　労働条件通知書

◆ 労働条件通知書の中身

労基法第15条では、以下のように定められています。

労働基準法

第15条　使用者は、労働契約の締結に際し、労働者に対して賃金、労働時間その他の労働条件を明示しなければならない。この場合において、賃金及び労働時間に関する事項その他の厚生労働省令で定める事項については、厚生労働省令で定める方法により明示しなければならない。

2　前項の規定によって明示された労働条件が事実と相違する場合においては、労働者は、即時に労働契約を解除することができる。

3　前項の場合、就業のために住居を変更した労働者が、契約解除の日から14日以内に帰郷する場合においては、使用者は、必要な旅費を負担しなければならない。

　この規定は、労働契約の締結に際して、労働者にしっかりと労働条件を明示することを求めたもので、労働契約の内容を明確化し、契約内容をめぐる紛争を防止しようとしたものです。また、明示された労働条件が事実と相違する場合には、労働者による即時解除権と使用者による帰郷旅費の負担義務を定めています。

　また、労働契約法第4条は以下のように定めています。

労働契約法

第4条　使用者は、労働者に提示する労働条件及び労働契約の内容について、労働者の理解を深めるようにするものとする。

2　労働者及び使用者は、労働契約の内容（期間の定めのある労働契約に関する事項を含む。）について、できる限り書面により確認するものとする。

　同法第3条では、労働者と使用者が対等の立場における合意に基づき契約すべきと規定されています。それを受け、本条は、対等の立場とするために、使用者は契約内容の中身について、労働者が理解を深められるようにすべきという意味です。前節でも書きましたが、条件を設定する側（使用者）よりも、設定された条件で働く側（労働者）のほうが不安は大きいです。労働条件に対する説明が必要なのは、当然のことでしょう。

　図表3－2は、平成26年度の農の雇用事業（現雇用就農資金）を利用した研修生のうち、離農した人の理由です。35.9％（127名／354名中）が「業務内容が合わない・想定と違っていた」という結果です。

　研修生の事情（病気、ケガ／家庭の事情）による離農が約4割を占めていますが、これらは研修生本人の問題による可能性が高いでしょう。病気やケガは、受け入れる側が対策をとらなければならない側面はありますが、離農につながるのは仕方がない部分かもしれません。

　やはり、「業務内容が合わない・想定と違っていた」が35.9％というのが驚きです。初めて農業に従事するとしても、天候・気候に大きく左右されることや、ある程度の作業の内容、日々の仕事については、おおよその予想はできるものではないかと思うからです。ただ、裏を返せば、おおよその予想はしていたものの、想定以上だったともいえます。

　この割合は、農業というある意味で特殊な産業であることの説明、

それに従事するための覚悟、労働条件などをしっかりと説明していれば、少なくできる数字だと思いますが、皆さんはどう考えるでしょうか。

▷図表3－2　平成26年度農の雇用事業の研修生における離農の
　　　　　　理由

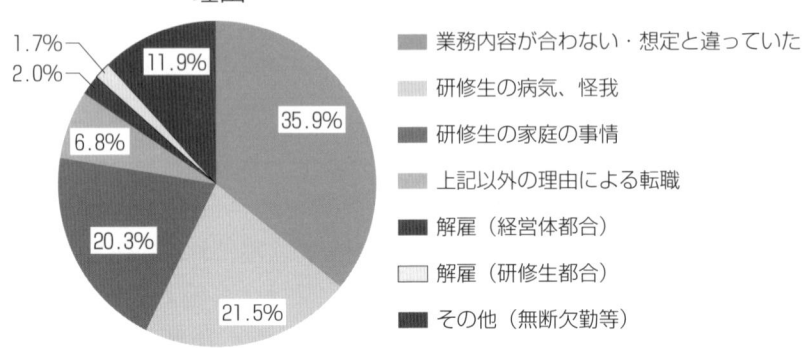

凡例：
- 業務内容が合わない・想定と違っていた
- 研修生の病気、怪我
- 研修生の家庭の事情
- 上記以外の理由による転職
- 解雇（経営体都合）
- 解雇（研修生都合）
- その他（無断欠勤等）

グラフ内の数値：35.9%、21.5%、20.3%、6.8%、2.0%、1.7%、11.9%

※離農した研修生527名のうち、173名（32.8%）は詳細が不明（離職理由が一身上の都合や転職したためのみの記載で明確ではないもの）のため、円グラフとしては、詳細不明の173名を外した354名を全体として割合を表記。

　さらに、「業務内容が合わない・想定と違っていた」の理由の内訳は以下のとおりです。

▷図表3－3　「業務内容が合わない、想定と違っていた」ことに
　　　　　　よる離農理由の内訳

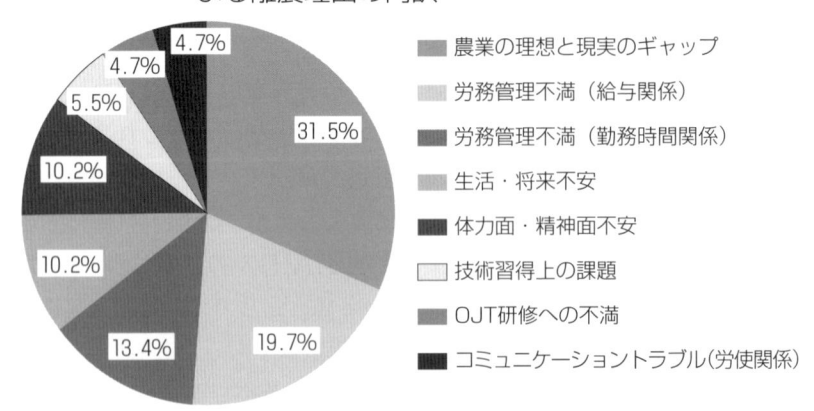

凡例：
- 農業の理想と現実のギャップ
- 労務管理不満（給与関係）
- 労務管理不満（勤務時間関係）
- 生活・将来不安
- 体力面・精神面不安
- 技術習得上の課題
- OJT研修への不満
- コミュニケーショントラブル（労使関係）

グラフ内の数値：31.5%、19.7%、13.4%、10.2%、10.2%、5.5%、4.7%、4.7%

　「農業の理想と現実のギャップ」が31.5％（40／127名）で、次いで「労務管理不満（給与関係）」が19.7％（25／127名）、「労務管理不満（勤務時間関係）」が13.4％（17／127名）となっています。繰り返しになりますが、最も多い「農業の理想と現実のギャップ」で離農した31.5％の人に対して、農業の事情についての最初の説明により、ギャップを埋めることができなかったのかと考えてしまいます。

　また、労務管理に関する不満に対しても同様です。給与面については、まだまだ賃金体系を整備している農業者は少ないでしょうし、農業は製造原価を価格に反映させにくい産業であるため、給与をあらかじめ保障することは、経営者にとって非常に勇気のいることです。ですので、ある程度は理解できます。ただ、13.4％に上る勤務時間関係については、労働時間の設計に取り組み、その条件を明示し、しっかり説明をしていれば、少なくできた数字ではないかと考えます。

　労基法第15条に記載されている厚生労働省令で定める内容とは以下のとおりです。絶対に明示しなくてはならない事項（絶対的明示事項）と、ルールとして存在するのであれば明示しなくてはならない事項（相対的明示事項）があります。

厚生労働省令（労働基準法施行規則第５条第１項）

使用者が法第15条第１項前段の規定により労働者に対して明示しなければならない労働条件は、次に掲げるものとする。

ただし、第１号の２に掲げる事項については期間の定めのある労働契約であって当該労働契約の期間の満了後に当該労働契約を更新する場合があるものの締結の場合に限り、第４号の２から第11号までに掲

〈出典〉　図表３－２：総務省行政評価局「農業労働力の確保に関する行政評価・監視―新規就農の促進対策を中心として―平成31年３月」より作成

　　　　　図表３－３：同上

げる事項については使用者がこれらに関する定めをしない場合においては、この限りでない。

　これにより、明示しなければならない事項（絶対的明示事項）として、以下のように定めています。これらは、最低限の項目として契約締結時に示す必要があり、働く人への説明が求められます。

労働条件通知　絶対的明示事項

1　労働契約の期間に関する事項
1の2　期間の定めのある労働契約を更新する場合の基準に関する事項
1の3　就業の場所及び従事すべき業務に関する事項
2　始業及び終業の時刻、所定労働時間を超える労働の有無、休憩時間、休日、休暇並びに労働者を2組以上に分けて就業させる場合における就業時転換に関する事項
3　賃金（退職手当及び第5号に規定する賃金を除く。以下この号において同じ。）の決定、計算及び支払の方法、賃金の締切り及び支払の時期並びに昇給に関する事項
4　退職に関する事項（解雇の事由を含む。）

　以下の事項については、相対的明示事項として、書面での明示は不要ですが、決まったルールがあれば明示しなければならないとされています。農業においては、専門的な用語や農作業のために使う農機具があったり、基本的に屋外での作業となったりするだけでなく、取り組む作目によっても違ってくるので、安全および衛生に関する取決めや職業訓練、OJTなどを自社で整備・実施し、安心して働ける環境をしっかりと整えていることの説明も大事なこととなります。

労働条件通知　相対的明示事項

4の2　退職手当の定めが適用される労働者の範囲、退職手当の決定、
　　計算及び支払の方法並びに退職手当の支払の時期に関する事項

5　臨時に支払われる賃金（退職手当を除く。）、賞与及び第8条各号
　　に掲げる賃金並びに最低賃金額に関する事項

6　労働者に負担させるべき食費、作業用品その他に関する事項

7　安全及び衛生に関する事項

8　職業訓練に関する事項

9　災害補償及び業務外の傷病扶助に関する事項

10　表彰及び制裁に関する事項

11　休職に関する事項

 ## 労働契約期間に関する事項

　契約期間に関する記載は、労働条件通知書に必須となります。まず、期間の定めが「ある」のか、「ない」のかを決めることから始めます。「ない」場合は、いわゆる無期雇用となり、期間の制限がない雇用契約を提示していることとなります。「ある」場合は、いつからいつまでの契約であるのかを記載する必要があるとともに、以下の3つの中から、更新の有無について明示しなくてはなりません。

① 自動的に更新する

② 更新する場合があり得る

③ 更新はしない

　①では自動的に更新されます。一方の③は、更新しないことになります。②は更新する場合もあるし、しない場合もあるということです。その場合、更新する（かしない）かの判断事由をあらかじめ明示しな

くてはなりません（労基法第14条第2項　平15.10.22基発1022001号）。具体
的に、どんなときに契約を更新することがあるのか、もしくはどんな
ときに更新しないのか、という基準を明示しておくという意味です。
基準の書き方には、以下のような例があります。

- 契約期間満了時の業務量により判断する
- 労働者の勤務成績、態度により判断する
- 労働者の能力により判断する
- 会社の経営状況により判断する
- 従事している業務の進捗状況により判断する

ですが、これだと抽象的に見えるのではないしょうか。とすれば、
契約更新の判断材料となるような業務量の程度、勤務成績・態度の評
価基準、備えるべき能力、会社の経営状況の定義、進捗状況の基準な
どを、詳細に示すことがトラブルの防止につながることは言うまでも
ありません。できるだけ、具体的に、納得できるかたちでの明示が必
要です。

▷図表3-4　更新に関する事項　記載例

契約期間	・期間の定めなし
更新の 有無	・期間の定めあり（令和　○年　○月　○日　～　令和　○年　○月　○日） 1　更新の有無 （ イ 自動的に更新、　　ロ 更新する場合有り、　　ハ 更新しない） 2　契約の更新は、次により判断する。 　　本人の意思と契約期間における業務習熟度、勤怠、業務中の態度その他、業務 　　量、作物の状況、出荷量等の状況とその先3か月の見通しなどから判断し、総 　　合的に決定する。 3　更新の上限は、最初の契約から2年とする。

さらに、1度の契約期間の上限は、原則3年（例外として、高度な
専門的知識等を必要とする業務に就く者、満60歳以上の労働者との労
働契約の上限は5年）とされています。

　最近の農業法人では、独立志向の就農希望者に向けて、研修期間として３年を上限に雇用し、３年間をしっかりと学んでもらうための（雇用）期間と捉えるところもあります。また、農業経営では多くの場合、収穫時期だけ雇用する期間契約です。その場合は、「期間の定めあり」かつ「更新しない」とし、収穫時期だけ雇用します。よく「来年も来てもらいたいけど、そんな契約の仕方はできますか？」と質問されますが、約束はできますが、あくまでも保障されたものではありません。来年も来てもらいたいのであれば、期間の定めのない契約もしくは、来年も含めた期間での契約をお願いすることになります。もちろん、「来年も来てね」という口頭でのお願いはできます。

　また、無期雇用に不安があるためか、１年単位の雇用の更新を繰り返すケースもよく見かけます。このケースでは、何度か更新している場合に注意が必要です。契約の更新を繰り返すことによって、雇われる人からすれば「今年も更新されるという期待」が出てきます。期待をするのが当然のように捉えられると、無期労働契約と実質的に異ならない状態であると判断され、期間の定めをして更新する契約であったとしても、更新をしないことが認められない可能性が出てきます。

　具体的には、「有期労働契約の締結、更新及び雇止めに関する基準」（平15.10.22厚労告357号、平20.01.23基発第0123005号）が策定されており、以下の場合には、少なくとも30日前までに（契約更新をしないという）予告をする必要があります。

- 雇用契約が３回以上更新されている場合
- １年以下の契約期間の雇用契約が更新または反復更新され、最初に雇用契約を締結してから継続して通算１年を超える場合
- １年を超える契約期間の労働契約を締結している場合

　これらに当てはまる状態だったにもかかわらず契約の更新をしないことを、いわゆる「雇止め」といいます。次回の契約満了時に更新をしない場合には、少なくとも契約の期間が満了する日の30日前までに

その旨を通知しなければなりませんし、雇止めの予告後に労働者から雇止めの理由について証明書の請求があった場合は、遅滞なくこれを交付しなければなりません。雇止め後に請求された場合も同様です。

　裁判例によれば、繰り返し契約を更新していた等の状況に照らして雇止めは権利の濫用である、すなわち、客観的に合理的な理由があり、社会通念上相当と認められない場合の解雇は認められないことがある、とされています。雇止めには解雇権濫用法理が適用されることがあり、先に記載した契約期間の満了時の事由だけでは、解雇が認められない可能性があるということです。

　下記のように、できる限り具体的な雇止めが行われる場合を明示することがトラブルの防止となります。

- 前回の契約更新時に、本契約を更新しないことが合意されていたとき
- 契約締結当初から、更新回数の上限を設けており、本契約が当該上限に係るものであるとき
- 担当していた業務が終了・中止したとき
- 事業を縮小するとき
- 業務を遂行する能力が十分ではないと認められるとき
- 職務命令に対する違反行為を行ったこと、無断欠勤をしたこと等勤務不良のとき

　さらに、令和6年4月より、更新上限の明示が必要となりました。有期労働契約の締結と契約更新のタイミングごとに、更新上限（有期労働契約の通算契約期間または更新回数の上限）の有無と内容の明示が必要となります。

　また、労働契約法第18条による無期転換ルールというものもあります。同一の使用者の下で、有期労働契約が5年を超えて繰り返し更新された場合は、労働者の申込みにより無期労働契約に転換しなくては

なりません。

　もちろん、同一の労働条件での契約が基本となります。例えば、契約期間が3年の場合、1回目の更新後の3年間に無期転換の申込権が発生します。この「無期転換申込権」についても、令和6年4月より、権利が発生する更新のタイミングごとに、無期転換を申し込むことができる旨（無期転換申込機会）の明示が必要となりました。それと同時に、無期転換後の労働条件の明示が必要となります。

　農業経営にあっては、1年間の雇用を繰り返すことは少ないとは思いますが、収穫時期だけ人手が欲しいケースはよくあることです。その場合は有期雇用契約として、しっかりと期間を定めて雇用してください。また、来年もお願いしたいと思っても、来年の雇用を約束できる契約はできません。

　ただ、通年で仕事ができるよう取り組んでいる例はあります。例えば、イチゴの農業経営者の下で冬から春先までアルバイトとして雇用されていた人が、初夏になって同地域の小菊の農業経営者の下に移って働く、といった仕組みです。アルバイトの人にとっては、1年を通じて仕事がある、農業経営者にとっては慣れた人に毎年来てもらえるというメリットがあります。このような取組みを農業経営者同士の交流の中でアルバイトの人に提案し、実現させています。

◆ 就業の場所および従事すべき業務に関する事項

　実際に就業する場所はどこになるのか、できるだり具体的な場所を記載します。これまでは、「雇入れ直後の就業場所及び業務を明示すれば足りる」「将来の就業場所や従事させる業務を併せ網羅的に明示することは差し支えない」（平成11.1.29基発第45号）とされてきましたが、令和6年4月より、労働条件明示の制度が改正されることとなりました。具体的には、労基法施行規則第5条が改正され、すべての労働契約の締結と有期労働契約の更新のタイミングごとに、「雇入れ直後」

の就業場所・業務の内容に加え、「変更の範囲」についても明示が必要となりました。「変更の範囲」とは、将来の配置転換などによって変わり得る就業場所・業務の範囲を指します。

　農業の場合、圃場（ほじょう）が同地域にとどまらないこともあります。その場合は、「弊社の管理する圃場及び施設」という書き方でも構いません。また、従事する業務に関して、アルバイトや有期雇用契約で作業が決まっている人については「農作業」、もっと具体的に「トマトの選果作業」という記載でも構いません。むしろそのほうがわかりやすくて親切です。

　ただし、正社員については、入社当初は「農作業」だけかもしれませんが、職位が上がった際に出荷・運搬や販売、営業や管理作業などの職務にも就いてもらうことを期待しているのであれば、そのように書かなければならなくなりました。

　実際に、業務内容の明示でトラブルになった例もあります。その農業法人は、直売所や量販店などに納品しており、旬の時期には店頭に立って、直接消費者にPRするいわゆる売り子を行うことがありました。会社としては、消費者へ直接PRできることはもちろん、社員にとっても消費者の反応を知ることができ、作物への愛情がより深くなるという効果も見込んでのことでした。しかし、頑なに店頭での販売を拒む社員がいました。最後には「労働条件通知書にそんな業務（店頭での売り子）を行うことと記載がなかった」と言い出し、会社は反論できなかったため、その社員に売り子として立ってもらうことを断念しました。

　新しく就農する人の中には、"ずっと農作業をしていたい"人も少なくありません。本当に農作業が好きなのだとは思いますが、会社にとってみれば、能力がある社員には管理職など責任のある立場でマネジメントも行ってほしいと考えることがあります。「変更の範囲」としてあらかじめ明示することで、このような期待をされる正社員等に対して、将来を見据えた覚悟を促すことができます。

始業および終業の時刻

　先の４コマ漫画で、農業ならではの労働条件設定の難しさを紹介しましたが、この時刻の記入が最も農業経営者にとっては書きづらいところです。労基法第15条では、労働条件の一定の項目（始業及び終業の時刻ほか）の明示を規定しており、具体的な条件を明示しなければならないとされています（平成11.1.29基発第45号）。一方で、農業は労基法第41条第１号に該当し、労基法の第４章他の規定を受けないと定めています。４コマ漫画の桃太郎は、いつやってくるかわからない鬼に備えるために、時間を決められず、休日も「鬼がやってこない日」、休憩も「鬼が休んでいる間」と設定していました。すると、初めて鬼と対峙するサルにはまったく想像がつきません。農業でも同様なのです。

　労働条件の通知内容は、契約の中身となるものです。もし、始業と終業の時刻が決まっていないなら「決まっていない」ことが条件にもなり得るので、「決まっていない」という書き方もありです。ただし、そのような書き方で労働者が納得するかどうかは別の話です。また、「決まっていない」という書き方は、対等な立場での契約を求められている雇用契約において、あまりにも不確定すぎます。雇用契約は、労務を提供してもらう対価として賃金を支払う契約です。請負契約であれば「依頼される役務」そのものがしっかりと提示され、時間の使い方も基本的には請け負う側が管理しますが、雇用契約はそのような契約ではありません。すべての労働環境を使用者側が整えるからです。ですから、できるだけ具体的な明示が必要です。

　とはいえ、農業は自然、気候によって大きく変わる作物、生物を相手にする業務です。夏場、一般の人が動き出す朝８時や９時から仕事を開始すれば、たちまち気温が上昇し、体力が消耗し、まったく仕事にならないだけでなく、熱中症のおそれもあります。

　もちろん、そのような状況でも、しっかりと始業時刻と終業時刻を設定しているところはたくさんありますが、できない事情も多くある

のが農業です。ですので、著者はいつも「決まっているところはしっかりと記載。決まっていない、もしくはわからないところはわからないと示すこと」と指導しています。

　例えば、以下のような書き方はいかがでしょうか。

▷図表3-5　季節ごとの労働時間の設定　記載例

時季	始業	終業	休憩	就業時間
夏時間	6：00	18：00	120分＋30分×2	9時間
冬時間	8：00	17：00	60分	8時間

　日照時間は夏と冬とで違います。冬の午前5時は真っ暗で、仕事はできません。一方で夏の午前5時は、太陽がもう燦燦としているので、もう少し早い時間のほうが涼しく、仕事がはかどります。これを踏まえ、図表3-5のように季節ごとの時間を設定するのです。ただし、夏と冬の境目、切り替え時期がその年によって違うことも多いので、以下のような説明の記載も必要です。

> ※基本的には上記（表）のとおりとしますが、夏と冬の切り替えについては、その年の自然環境（暑くなる、寒くなる、陽が落ちる、陽が昇る時期など）によって決定します。また、始業及び終業時刻については、気候、気温、日照量、雨の具合などによって繰り上げるもしくは繰り下げることがあります。

　もし、もっと細分化できるのであれば、そのほうが働く側にとってわかりやすくなります。例えば、以下のように設定できないでしょうか。

▷図表３－６　より細分化した月ごとの労働時間の設定　記載例

月	始業	終業	休憩	就業時間
３月〜５月	７：００	１７：００	60分＋30分×２	８時間
６月〜９月	６：００	１５：００	60分	８時間
10月〜11月	８：００	１７：００	60分	８時間
12月〜２月	８：００	１６：００	60分	７時間

　図表３－６は、春〜夏は忙しく、冬に農閑期を迎えるような露地栽培の作物をイメージしています。もし、このとおりに始業と終業の時刻、月の変更が予定できるのであれば、これだけで足ります。ただし、暦が５月から６月に変わったから急に気候が変わるわけではありません。10月１日の変更も同様です。それが労基法第41条第１号になっている理由でもあります。ですので、始業と終業の時刻、また月の変更のタイミングに変動する可能性があれば、以下の記載と契約時の説明は必須です。

> ※基本的には上記（表）のとおりとしますが、月の変更や始業及び終業時刻について、その年の気候、気温、日照量、雨の具合などによって始業及び終業を繰り上げるもしくは繰り下げることがあり、また月の変更を暦のとおり行えないことがあります。

　このように始業と終業の時刻を定めることができないと、基本的な賃金の対象となる所定労働時間とそれ以外の労働時間の境目が、非常にわかりにくくなります。一般の産業では、１日８時間・１週40時間という法定労働時間があり、この時間を超えるといわゆる時間外労働とされています。変形労働時間制（１か月単位の変形労働時間制や１年単位の変形労働時間制など）をとっている事業所であっても、あらかじめ、始業と終業の時刻が定められており、終業時刻を超えた時間

第３章

農業と労働条件

が時間外労働時間と考えられますし、その月ごとの積算が残業代として支払われます。ですので、残業していると認識しやすいことが当たり前です。

　ですが、始業と終業の時刻が気候や天候によって変わることがあるといわれると、どこまでが所定労働時間なのか、今日働いた時間はそれを超えた時間なのかがわかりにくくなります。時給の場合は、実労働時間に時給単価を乗ずる、いわば労働時間の精算をもって計算ができますが、月給の場合はそうはいきません。

　そのため、月ごとの所定労働時間の決定と明示が必要となるのだと主張しているのです。労働時間等については、次節でもう少し詳しく取り扱うこととします。

休　　憩

　休憩とは、労働者が労働時間の途中で労働からの解放を権利として保障された時間をいいます（石松亮二『現代労働法』）。休憩については、以下のような原則があります。

- 労働時間の途中に与えること
- 原則として、一斉に与えること
- 自由に利用させること

　休憩時間は、6時間を超える労働では少なくとも45分、8時間を超える場合は少なくとも60分の休憩時間を与えなければならない（労基法第34条）とされていますが、農業において、この休憩の規定も適用除外となっています。農業では比較的いつでも自由に休憩とることができたり、天候や作業状況によって業務できない時間が生まれたりするため、法律で規制する必要がないことがその理由とされています。

　だからといって、休憩時間がない農業経営体はまずありません。実際、農業の現状をみると、休憩時間について相当気を遣っているとこ

ろが多数です。屋外やハウス施設での作業は、体力を消耗しやすい業務も多く、特に夏場は熱中症のリスクが高くなるため、会社によっていろいろな工夫をしています。例えば、お昼の休憩とは別に、午前と午後に15分から30分程度休憩時間を設けたり、施設栽培をしている農業法人では、毎時間00分になると施設内に決まった音楽を流し、その間（5分間程度）は休憩をとってもらったりするなどしています。

　そもそも、農家の働き方としては、夏の暑い時期は早朝に仕事を始め、陽が高くなると自宅に戻り、夕方からまた仕事を始めるというスタイルが当然でした。そういう意味では、労基法第41条該当の意図するとおりといえるかもしれません。

❖ 休　　日

　休日とは、労働者に労働契約上の労働義務がないことがあらかじめ定められている日であり、非労働日をいいます（同　石松亮二）。休日については、使用者は労働者に毎週少なくとも1回の休日を与える、もしくは4週間を通じて4日以上の休日を与えることとされています（労基法第35条）。

　農業においては、この休日の規定も適用除外となっています。農業では、農閑期には十分に休日を取ることができる、降雨や積雪といった自然環境によって業務をできない日が発生するなどの理由により、法律で定期的に与えることを義務付けるものではないという考え方からです。なお、法律上は週に1度の休日とされていますが、一般の産業では、1日8時間・1週40時間という法定労働時間により、週休2日制が主流となっています。

　著者が社労士として仕事を始めた頃、毎週定期的（例えば毎週日曜日など）に休日を設定しているところは非常に少なかったと記憶しています。最近では、日曜日を定休日としながらも、必要に応じ、当番で出勤するように決めるなど、ある程度定期的に休日を取得できるよ

うに配慮されているところが多くなりました。また、休日数について
も、定期的に週2日などと決めることは難しくとも、1か月で6日、
農繁期は4日、農閑期は10日など、それぞれの事業に見合った休日を
設定するところが増えています。

　次の表は、企業の平均年間休日総数を企業規模別に表したものです。

▷図表3－7　企業規模別　平均年間休日総数

企業規模	全企業	年間休日総数階級								1企業平均年間休日総数（日）
		69日以下	70～79日	80～89日	90～99日	100～109日	110～119日	120～129日	130日以上	
＜R4調査産業計＞	100.0	4.3	3.1	4.7	6.6	29.6	20.6	30.2	1.0	107.0
1,000人以上	100.0	0.5	0.9	0.6	2.9	21.2	22.1	51.0	0.9	115.5
300～999人	100.0	0.8	0.7	0.9	3.6	26.9	20.3	45.0	1.9	114.1
100～299人	100.0	2.3	2.4	3.3	6.4	28.9	21.9	34.1	0.6	109.2
30～99人	100.0	5.4	3.6	5.6	7.1	30.3	20.2	26.9	1.0	105.3

　この統計をみると、全体の平均年間休日総数は107日、99人未満の
企業でみると「100日～109日」が最も多く、平均は105.3日となって
います。105日ということは、月の平均休日数が8.7日、週休2日です。
この数字は、農業に携わる法人と比べて、どれほど乖離があるとお考
えでしょうか。

　年間の業務を整理し、110日の休日が設定できるとするならば、一
般の産業と同様の労働日数だといえます。ただし、こなさなければな
らない業務があるのに、無理をして休日を多めに見込むのは間違って
います。まずは会社の業務全体がどれくらいあり、どれくらいの休日
数であれば無理することなく設定できるのか、そこから検討を始める
べきです（▷第4章第2節）。

　「無理することなく」となると、休日数が暑い夏と寒い冬で変わる
こと、農繁期と農閑期での違いも想定しなければなりません。毎月平

〈参考〉　石松亮二『現代労働法』（中央経済グループパブリッシング、平成元年）
〈出典〉　図表3－7：厚生労働省「令和4年就労条件総合調査」より一部変更

均して同じ日数を休日に設定するのは難しい場合も出てくるでしょう。このような事情から、労基法第41条に該当しているのです。逆に41条に該当していることで、農作業に無理のない休日を設定できるともいえます。そのように考えれば、年間休日110日の確保というのは、難しいことではないと感じられませんか。

　休日数については、会社としてどのように規定し、その規定を労働者との契約にどのように記載し、説明するのか、これが非常に重要です。

　毎週定例日を設定できるのであれば、そのように記載します（市場流通を主としている法人であれば、休場日前など）。月ごとの休日数だけは決定しており、本人の希望を勘案して毎月設定するのであれば、月の休日数とシフトによって、いつまでに決定するのかを記載します。また、季節によって繁閑があり、年間の休日数は決まっているが、各月ごとの休日数を対象となる年度の最初に決めることができない場合は、年間の休日数のみを記載し、どのように休日を取得するのか、その方法を記載します。詳細は、事例をまじえて次節で解説します。

◆◆ 年次有給休暇

　次に休暇ですが、ここで取り上げるのは労基法第39条に規定されている年次有給休暇です。有給休暇とは、「日々の休日とは別に、比較的長期のまとまった休暇を生活の資である賃金を失うことなく労働者に保障し、経済的保障の上に労働者に人間らしい生活を実現しようとするもの」（同　石松亮二）であり、所定労働日と定めていた日の労働義務を免除する日ともいえます。この年次有給休暇については、農業であっても適用される扱いとなっており、労働者には労働条件に見合った日数の付与が必要です。

　労基法では、労働者が雇始めから6か月間継続勤務し、全労働日の8割以上の日数を勤務すると、10労働日の休暇を与えると定められて

おり、付与日数は図表3-8のとおりです。なお、週の所定労働時間が4日以下、かつ週の所定労働時間が30時間未満である労働者（週以外の期間によって労働日数が決められている場合は年間216日以下）の場合は、付与日数が週所定労働日数によって変わります（▷図表3-9）。

▷図表3-8　通常の労働者の付与日数

継続勤務年数	0.5	1.5	2.5	3.5	4.5	5.5	6.5以上
付与日数	10	11	12	14	16	18	20

▷図表3-9　週所定労働日数が4日以下かつ週所定労働時間が30時間未満の労働者

	週所定労働日数	1年間の所定労働日数※	継続勤務年数						
			0.5	1.5	2.5	3.5	4.5	5.5	6.5以上
付与日数	4日	169日〜216日	7	8	9	10	12	13	15
	3日	121日〜168日	5	6	6	8	9	10	11
	2日	73日〜120日	3	4	4	5	6	6	7
	1日	48日〜72日	1	2	2	2	3	3	3

※週以外の期間によって労働日数が定められている場合

　年次有給休暇の発生要件である「継続勤務」は、在籍期間を意味し、勤務の実態に即して、実質的に判断します。例えば、定年退職者を嘱託社員として再雇用とした場合などは、実質的に勤務が続いているとして扱う必要があります。また、出勤率の算定をする際、業務上のケガや病気で休んでいる期間、法律上取得できる育児休業や介護休業を取得した期間については、出勤したものとみなして取り扱い、会社都合の休業などの期間は、全労働日から除外する必要があります。

〈出典〉　図表3-8：厚生労働省「年次有給休暇の付与日数は法律で決まっています」
　　　　　図表3-9：同上

　また、年次有給休暇を取得する日は、労働者が指定することで決まり、使用者はその日に年次有給休暇を与える必要があります。ただし、労働者の指定した日に年次有給休暇を与えると、事業の正常な運営が妨げられる場合は、使用者に休暇日を変更する権利（時季変更権）が認められています。しかし、単に「業務が多忙だから」といった場合には認められず、同じ日に数人の労働者が同時に休暇指定したなどの場合などがこれに当たります。なお、年10日以上年次有給休暇が付与される労働者に対して、年次有給休暇の日数のうち５日については、労働者の意見を尊重したうえで、使用者が時季を指定して取得させることが可能です。

　少し前までは「農業でも有給休暇って必要なのですか？」という質問もよく聞きましたが、今はそのような質問はありません。ただ、忙しいときに取られると「ちょっと待ってくれ」と言いたくなるという声はよく聞きます。ただ、その「ちょっと待ってくれ」は他業種の事業主も同じであって、農業だからではありません。また、働き方改革の１つとして、10日以上付与されている人については、５日以上の取得が義務化されました。会社は、労働者の意見を尊重しながら５日の取得を促したり、時季を指定したりして取得させなければなりません。

　農業は作物の成長によって繁閑差が大きくあります。繁閑差が大きければ、農閑期に休暇を取るように促すことはできます。また、たとえ繁閑差がなくとも、前もって取得時期を予定しておけば、それほど心配するものでもありません。そう考えると、選択肢は次の３つになります。

① 取得を促して取得時期もあらかじめ予定しておく
② 取得を労働者に任せて好きな時期に取ってもらう
③ 取れない（言い出せない状況）状況を続ける

　先の桃太郎の話ではないですが、有給休暇は権利として発生すると

法律で定められているため、取得させなければなりません。さらにいえば、会社と労働者で予定を立てて、取得時期を前もって把握できるほうがよいはずです。つまり、双方にとって①がよいことは明らかです。

　労務環境は会社がすべてを整えます。法律で定められている基準は必ず満たさなければならないのであれば、その基準を前提として、会社はどのようなルールを設定するかを選択するのです。

　例えば、年次有給休暇は、半日単位で与えることができます（時間単位で与えることもできますが、この場合は労使協定が必要です）。午前中だけ子どもの授業参観に行ったり、午後からお迎えに行ったりなど、半日単位の有給休暇を取りやすい制度として定着させれば、法を順守したうえで、さらに労働者が働きやすい環境を整えることになります。このように、多様な働き方を提案できる取組みとして活用するため、会社のルールをしっかりと定め、その周知を図っておく必要があります。

◆ 賃　金

賃金においては、以下のように定められています。

労働基準法

（賃金の支払）

第24条　賃金は、通貨で、直接労働者に、その全額を支払わなければならない。ただし、法令若しくは労働協約に別段の定めがある場合又は厚生労働省令で定める賃金について確実な支払の方法で厚生労働省令で定めるものによる場合においては、通貨以外のもので支払い、また、法令に別段の定めがある場合又は当該事業場の労働者の過半数で組織する労働組合があるときはその労働組

　　合、労働者の過半数で組織する労働組合がないときは労働者の過
　　半数を代表する者との書面による協定がある場合においては、賃
　　金の一部を控除して支払うことができる。
　2　賃金は毎月一回以上、一定の期日を定めて支払わなければなら
　　ない。ただし、臨時に支払われる賃金、賞与その他これに準ずる
　　もので厚生労働省令で定める賃金（第89条において「臨時の賃
　　金等」という）については、この限りでない。

この規定によって、いわゆる賃金の五原則というものを示しています。
原則なので、それぞれに例外があります。

▷図表3－10　賃金の五原則

(1) 通貨で支払わな ければならない	(2) 直接本人に支払わ なければならない	(3) その全額を支払わ なければならない
(4) 毎月１回以上支払わ なければならない	(5) 毎月一定の期日に支払 わなければならない	

(1)　通貨払いの原則

　　賃金は貨幣で支払い、現物での支払いは禁止されています。です
ので、収穫した野菜や米で支払うことは、その価値が恣意的な評価
になる可能性もあるため、できません。ただし、法令や労働契約に
別段の定めがある場合、現物給与は可能です。また、労働者の同意
を条件として指定された銀行口座等への支払いは認められていま
す。さらに、近年、キャッシュレス決裁の普及や送金サービスの多
様化が進むなか、資金移動業者の口座への資金移動を給与受取に活
用するニーズもあることから、使用者が労働者の同意を得た場合に、
一定の要件を満たすものとして厚生労働大臣の指定を受けた資金移

動業者の口座への資金移動による賃金支払い（いわゆる賃金のデジタル払い）ができることとされました。

(2)　直接払いの原則

　使用者は、賃金を労働者に直接支払わなければなりません。中間搾取を防止するためであり、労働者から委任を受けた代理人には、たとえ未成年者の親などの法定代理人であっても、支払うことはできません（単に使者へ支払うことは適法とされています）。

(3)　全額払いの原則

　賃金は、その全額を労働者に支払わなければなりません。言い換えると、契約上決められた時間を働いたら、それに応じた賃金が全額支払われるという意味です。ですので、むやみに賃金から控除することはできませんが、税金や社会保険料など法令等に定めがある場合は控除することが認められています。また、労働者が欠勤や遅刻、早退などにより契約上決められた時間、労働しなかった時間分を控除する場合は、この全額払いの原則に反しません。

　また、法令等以外の社宅費用などを賃金から控除するためには、労使協定を締結する必要があります。

(4)　月1回以上払いの原則

　賃金は、少なくとも月に1回は支払う必要があります。たとえ1年で給与が決定される年俸制であったとしても、月ごとの支払いが必要です。反対に、週払いや日払いなどは可能です。

(5)　一定期日払いの原則

　賃金は、決められた日に支払うことが必要です。例えば、「毎月10日に支払う」というように期日を決定して払います。なお、毎月10日ということであれば、10日に労働者の手元にある（労働者のものとして自由に使える）必要があるため、10日が休日などの場合は

その前日、前々日などに支払わなければならないことになります。
また、一定期日とは、その日が特定されていなければならず、毎月
第４週の火曜日などは認められません。末日は、月によって30日や
31日がありますが、末日として特定されるので可能です。

(6)　その他

　　労働時間管理を適切にしなければ、賃金の原則に反すると見られ
る場合もあります。農業の場合、法定労働時間の定めがないので、
労基法にいう時間外労働がありません（▷第３節）。時間外労働はあ
りますが、それはあくまでも所定労働時間を超えた労働に対する時
間外労働です。とすれば、所定労働時間をしっかりと決めておかな
いと、労働者はどこからが時間外労働なのかわからないことになっ
てしまいます。

　　例えば、ある果樹の収穫時期は９月下旬から11月中旬までとしま
す。もちろん、９月から11月まで、各月の所定労働時間をしっかり
と決めてはいますが、その年によって収穫時期がずれることも大い
にあり得ます。ある農園では、収穫時期の時間外労働（いわゆる残
業）代を11月の賃金締切日で締めて、12月の賞与で支給することと
していました。この方法は問題ないでしょうか。

　　賃金は、精算された月の分は全額支払うことが原則なので、時間
外労働における賃金だけを翌月に支払うと違法になる可能性があり
ます。また、一定の期日に支払うという原則にも反しています。収
穫時期がずれるからといって、賃金計算期間をまたいで時間外労働
を精算し、結果として支払う月を延ばして精算することはお勧めし
ません。さらに、賃金が精算されていない期間、労働者は退職する
ことが難しくなってしまいます。つまり、退職の自由が奪われてい
る、強制的に働かせていると捉えられかねません。

　　法がどのような趣旨でこのように定めているのかを理解し、また
会社のルールとしてどうするのか、しっかりと決めておくことが大
事です。

退職について（解雇の事由を含む）

　退職とは、その文字のとおり、職を退くことをいいます。労働契約の終了を意味し、その種類としては以下のようなものがあります。

① 解　　雇：使用者側の一方的な意思で雇用契約を終了させること
② 自己都合退職：労働者側の一方的な意思で雇用契約を終了させること
③ 合意退職：使用者側と労働者が合意して退職すること
④ 期間満了：有期契約で期限が到来すること
⑤ 定　　年：定年制の年齢に達すること
⑥ 自然退職：死亡を含め、使用者側のルールを満たして労働契約が終了すること

　これらの中で、労働条件として通知しておかなければならない退職事項については、①と④〜⑥となります。というのも、これらは使用者側で決めた条件による退職となるからです。その他は、労働者側からの申し出による退職と考えられます。ただ、この場合も、ルールとして「退職の申し出は、退職を希望する日より○○日前に申し出ること」という記載はあったほうがよいです。

(1)　解　　雇

　「解雇は、客観的に合理的な理由を欠き、社会通念上相当であると認められない場合は、その権利を濫用したものとして、無効とする」（労働契約法第16条）とされており、解雇となる事由を明示しておく必要があります。また、「使用者は、期間の定めのある労働契約について、やむを得ない事由がある場合でなければ、その契約期間が満了するまでの期間において、労働者を解雇することができない」（同法第17条）とされており、期間契約の場合、その期間の途中で解雇することは基本的には禁止されています。

　とはいえ、事業を運営する中で、労働者を解雇せざるを得ない状況に陥ることが絶対にないとはいえません。特に、顧客に迷惑を与え、会社の社会的信用を落とすような行為、会社の和を大きく乱し、社内を混乱させる行動を見逃すわけにはいかず、やむを得ず解雇という判断をせざるを得ないことは想定しておくべきです。そのような場合の解雇を適切に行うため、手続きおよび解雇となる事由については一定のルールを定め、通知書に記載して、契約時に知らせておく必要があります。まずは、解雇の手続きについて説明します。

(2)　解雇制限

　解雇することができない場合として、次の2つの期間を定められています（労基法第19条）。

① 業務災害による休業期間とその後の30日間
② 女性労働者が産前・産後の休業を取得している期間とその後の30日間

　ただし、解雇制限には例外があります。①については、療養補償を受ける労働者が療養の開始後3年を経過しても負傷・疾病が治らない状態で、使用者が平均賃金の1,200日分の打切補償を支払えば、その後の補償義務を免れることとなっています（労基法第81条）。この打切補償をしたときは、業務上の傷病の休業期間、その後の30日間であっても解雇できることとなります。なお、療養の開始後3年経過したときに労働者災害補償保険における傷病（補償）年金を受給しているときは、1,200日分の打切補償を支払ったものとみなされます。

　また、天災その他のやむを得ない事由のために事業の継続が不可能となった場合は、所轄労働基準監督署長の認定を受ければ解雇制限の例外とされます。

第3章　農業と労働条件

(3)　解雇の予告

　　労働者を解雇するためには、少なくとも30日前に予告するか、解雇予告手当（30日以上の平均賃金）を支払う必要があります（労基法第20条）。30日という予告の日数は、解雇予告手当を支払った日数分だけ短縮することができます。例えば、10日後に解雇したい場合、20日分の平均賃金である解雇予告手当を労働者に支払えば解雇が可能です。

　　なお、図表3−11の左列の者については、解雇時に解雇予告義務が発生しません。ただし、右列に該当する場合、解雇予告義務が発生します。

▷図表3−11　解雇予告制限の例外

解雇予告義務が発生しない者	左において解雇予告義務が発生する場合
日々雇い入れられる者	1か月を超えて引き続き雇用された場合
2か月以内の期間を定めて使用される者	2か月を超えて引き続き雇用された場合もしくは所定の期間を超えて引き続き雇用されるに至った場合
季節的業務に4か月以内の期間を定めて使用される者	
試用期間中の者	14日を超えて雇用された場合

　　また、以下の場合は、所轄労働基準監督署長の認定を受けることで、解雇予告や解雇予告手当の支払いは不要となります。

- 天災その他のやむを得ない事由のために事業の継続が不可能となった場合
- 労働者の責めに帰すべき事由で解雇する場合

(4)　解雇の事由

　　解雇には、手続きとあわせて、解雇に相当する事由を明示することが必要です。解雇の事由は、雇用条件の1つとして「こういうことがあった場合は、解雇します」とあらかじめ明示するかたちで行

います。解雇が争いにならないためには、この「あらかじめ」明示する事項が、できるだけ「具体的」であることが必要です。なぜなら、抽象的な言葉で明示すると、その言葉の解釈をめぐって疑義が生じてしまう可能性があるからです。

とはいえ、労働条件通知書に、具体的な解雇の事由をすべて記載することは難しいです。量的な面もありますし、辞めさせられる事由が何十項目も記載されていると、印象的にもあまり良くないからです。そのため、就業規則に記載しておき、労働条件通知書においては、就業規則の該当箇所を明示する方法が一般的です。

ただし、雇用に取り組み始めたばかりの場合は、就業規則の作成義務が課される常時10人の労働者がいないため、作成していないことが多いと考えます。こういう場合であっても、解雇となる事由の明示は必要となるので、例えば、以下のような、入社してから守ってもらうルールを記載した入社誓約書といった書面を別に作成し、「別添の入社誓約書に違反した場合」などと記載することも可能です。

入社誓約書

1．業務命令に従い、誠実に勤務します。
2．上司や先輩の指導にはしっかりと耳を傾け、学び、謙虚な気持ちを持って業務に取り組みます。
3．社会人である自覚を持ち、無断で欠勤・遅刻・早退はしません。
4．業務上の秘密事項（貴社から受けた資料、顧客から交付を受けた資料なども含めて）については、在職中はもとより、退職した場合でもあっても他に漏らすことはありません。
5．会社の車両、機械、器具、施設、事務所内の備品等は大切・清潔に扱い、原材料、燃料、その他の消耗品の節約に努めます。電気、水道なども同様とします。

6．貴社の名誉や信用を傷つけるような行為・言動は、業務中はもちろん、業務外であっても慎み、行うことはありません。

7．退職後も含めて、たとえ匿名であっても、SNSなどを通じて、貴社及び関係者、顧客などの権利を侵害する情報、誤解され得る内容の情報などを投稿することはありません。

8．農薬の散布などに関しては、担当者の許可がない限り、自らの考えで使用することはありません。

9．自らの体調をしっかりと整え、作業にあたることを宣言します。

(5)　農業経営者と解雇

　農業経営者に限ったことではありませんが、使用者側には「基本的に解雇はできない」という認識が必要です。労働契約法の規定により、合理的な理由と社会通念上相当であることの証明が非常に難しいからです。労働者にとって「労働」とは生きるための術であり、労働による対価である賃金を得ることができないと、たちまち毎日の生活に困ってしまいます。先にも書いたように、使用者側がすべての環境を整えて迎え入れるのが「雇用」です。雇用を打ち切る解雇について、厳しく制限されるのは当然といえます。

　一方、農業経営はこれまで家族経営が基本でした。つまり、「解雇」はあり得ない「家族」の内で、すべてをまかなってきたということです。そこに他人が入ることの違和感は、慣れるまでどうしようもないでしょう。思っている以上に覚えが悪かったり、生活習慣の少しの違いが気になってしまったりすると、「解雇」が頭に浮かぶこともあるかもしれません。しかし、単に会社に合わないという理由だけでは解雇できないことを認識してください。

　また、解雇が難しいとなると、しっかり取り組まなければならないのが「採用」です。採用時に面談、面接を行い、「合わない」と思う人を雇用しないことが大事です（▷**第5章**）。

◆ 定年その他

　定年とは、あらかじめ定められた年齢に達した場合に労働契約が自動的に終了する制度です。ただし、定年年齢を自由に設定することはできません。「事業主がその雇用する労働者の定年の定めをする場合は、60歳を下回ることができない」（高年齢者雇用安定法第8条）と定めがあるからです。つまり、60歳を下回る定年を設定することができないことになっているのです。

　また、現在定年を65歳未満としている場合は、65歳までの安定した雇用を確保するために、定年の引き上げ、継続雇用制度の導入、定年の定めの廃止のいずれかの措置を講じる必要があるとしています（同法第9条）。さらに、令和3年4月1日より、努力義務として、70歳までの定年の引き上げ、70歳までの継続雇用制度の導入、70歳まで継続的に業務委託契約を締結する制度の導入その他70歳まで継続的に事業に従事できる制度の導入、定年制の廃止を講ずるよう努めることとされています。これらは、生産年齢人口の減少に伴う労働力の確保とともに、退職後の生活を年金制度のみでまかなう生活への不安を解消させる意味もあります。

◆ 農業と定年

　労働力人口の減少、少子高齢化、担い手の確保といった農業が直面している課題から、農業経営における定年制度の有無についての質問をよく受けます。もちろん、経営者の考え方によるかと思いますが、個人的には、定年制度はあったほうがよいと考えます。

　理由の1つ目は、定年年齢を超えたからといって、完全に退職する必要はなく、再雇用というかたちで、これまでのスキルやノウハウを活かしてもらえばよいからです。令和4年時点で、基幹的農業従事者の平均年齢は68.4歳となっており（農業構造動態調査）、60歳を超えてもまだまだ現役農業者として頑張っている人はたくさんいます。

　2つ目は、会社経営に役職を持って携わるとなると、その役割や責任に大きな負担を感じる人も多いはずだからです。これまでの経験は活かしてもらいながら、経営の最前線の責任は次世代に任せ、少し下がったところから見守ってもらうようなかたちも、1つの在り方だと考えます。

自然退職など

　解雇、定年制度に加えて、労働条件として明示しておく必要があるのが、自然退職に関してです。ただ、自然退職については、労働条件通知書に記載するよりも、就業規則の該当項目に記載することが一般的です。主に、以下のような項目に該当した場合です。

- 労働者が死亡した場合
- 休職期間が満了しても職場に復帰できない場合
- 無断欠勤が続き、○日経っても連絡が取れない場合、無断欠勤の初日から○日経過した場合

パートタイマーの労働条件通知書

　労働条件通知書は、その雇用形態にかかわらず、労働者となるべき者に雇用条件を通知するもので、パートタイマーやアルバイトであっても明示する必要があります。

　ただし、基本的に月給として支給する正社員と、実際に働いた分だけを時給として支給するパートタイマー等とは、記載方法が違って当然といえます。例えば、正社員の休日は月6日と定められているとします。一方でパートタイマーは、家庭の状況などにより、月曜日から金曜日のうち2〜4日だけ勤務したり、11時までに帰らないといけない日もあれば16時まで働く日もあったりというように、労働者の事情により労働時間を決定している人も少なくありません。

そこで、以下の項目に対して、記入方法の一例を提示します。もちろん、これが正解ではありませんが、あくまでもお互いが納得できるかたちを取りたいということです。

▷図表３−１２　雇用保険に加入すべき条件を満たす契約

始業・終業の時刻、休憩時間、就業時転換、所定時間外労働の有無	1　始業・終業の時刻等 　　基本的には 　　　6：00　～　18：00　の間で、本人が希望する　5時間　～　8時間　◀(1) 　【始業及び終業時刻について】 　　　本人の希望を勘案し、賃金計算期間の始まる10日前に決定する。また、収穫量の多少により、決定した時刻を、始業時間を早め（遅め）、終業時間を遅め（早め）ることがある。 2　所定時間外・休日労働の有無 　　所定時間外（　有　無　）、　　　　　休日（　有　無　） 3　休憩　60分（1日の勤務時間が5時間未満の時は休憩なし）
出　勤　日	本人が希望する　月　火　水　木　金　　のうち、3日以上5日以下 なお、1週間で30時間未満を原則として、社会保険に加入することができない程度の所定労働時間、所定労働日数になるように、月ごとのシフトを作成する（ただし、雇用保険には必ず加入、20時間以上）。(2)
休　　暇	1　年次有給休暇 　　雇入れの日から6か月継続勤務した場合→○日（法定通り） 　　⇒比例的付与の週所定　4　日に該当します。(3) 2　その他の休暇　なし

(1)　始業・終業の時刻等

　家庭の事情によって、半日しか勤務できない日もあれば、8時間勤務できる日もあるなど、日によって就業時間が変わる場合、条件通知は「○時間〜○時間」としても構いません。

(2)　出勤日

　出勤する日についても、「土日以外の3日以上〜5日以下」と幅を持たせて条件通知することが可能です。なお、社会保険には加入しない程度（週に30時間未満）であり、雇用保険には加入する程度

（週に20時間以上）として取り決めておくと、労働条件がより明確となります。

※なお、令和6年10月より社会保険の適用が拡大され、被保険者数51人以上の場合、週に20時間以上で社会保険に加入しなければならない場合もあります。

(3)　休　　　暇

　　本来であれば、有給休暇の付与日以前1年間（もしくは、最初は6か月）に実際に勤務した日を集計して、その平均により週所定労働日数が何日に該当するかで比例付与日数を判断しますが、最初から決めておくことで、労働者にも安心感を与えることができます。ただし、実際の勤務日数が週5日に該当する場合は、付与日数を増やす必要があります。

　　パートタイマーやアルバイトの賃金については、時給での支払いがほとんどで、働いた時間を集計して、時給を乗じて支払います。つまり、労働精算型の賃金です。ですので、図表3－12のような通知書の書き方が可能です。

◆◆ 日雇労働者の労働条件通知書

　　人材不足の昨今、農業においても日雇い労働という働き方が大事な労働力となっているようです。もちろん、日雇労働だとしても労働条件通知は必要です。

(1)　始業・終業の時刻、休憩時間、所定時間外労働の有無

　　果樹の収穫作業では、天候や気候の状況によって、予定していたよりも早く収穫が終わってしまうことがよくあります。収穫量が多くて、作業時間が長くなってしまう場合は残業をお願いすることになりますが、仕事がなくなってしまった後、みんなで雑談というわけにはいきません。早く終わってしまうことがあるなら、そのよう

▷図表３－13　日雇い労働条件通知

始業・終業の時刻、休憩時間、所定時間外労働の有無に関する事項 (1)	1　始業（8時00分）　　終業（17時00分） 作業がスムーズに進み、終業時刻までに作業が終了してしまった場合、終業の時刻が繰り上がることがあります。 2　休憩時間　（90分　10時から15分　12時〜13時　15時から15分） ただし、作業環境（猛暑による熱中症対策）のため、作業時間中、適時休憩時間を設けることがあります。その場合、適時休憩の時間は賃金から控除しません。 3　所定時間外労働の有無　（ 有 ）（終業後2時間程度）　　　無 ） もし、時間外労働をお願いする場合は、わかった段階で可能かどうか、確認させていただきます。
賃　　金	1　基本賃金　イ　時給　○○○　　円 ※急な雷雨などにより、作業時間が繰り上がったとしても、時給×就業予定時間の6割分の賃金は補償します。 2　所定時間外、休日または深夜労働に対して支払われる割増賃金率 　イ　所定時間外　所定超（0）% 　ロ　深夜（25）% 3　賃金支払いの方法　（　現金　） 4　賃金支払日　就業当日、就業時間終了後 5　労使協定に基づく賃金支払時の控除（有（　　　　　）、無 ））

に労働条件通知の段階で示しておくべきです。また、夏場の作業などの場合、熱中症対策として状況に応じて適時休憩を入れることがあれば、そのことも記載しておきましょう。もちろん、作業時間が長くなりそうで、残業をお願いする場合があるときも同様です。

(2)　賃　　金

　会社の都合によって休業となった場合は、平均賃金の100分の60以上の手当を支払う必要があると定められています（労基法第26条）。収穫量が少ないことが、なぜ使用者の責めに帰すべきことになるのかと考える人もいるかもしれませんが、労働者の責めでないことだけはわかるでしょう。言い換えれば、所定労働時間分になるであろう他の作業も含めて労務提供の依頼をしておきながら、その機会を

奪っているので、使用者の責めということになります。

　ですので、このように作業が早く終わった場合、予定していた1日分の賃金額の6割は補償すると条件に入れておくことでトラブルを防ぐことができます。

労働条件通知の方法

　労働条件の明示方法は、原則として書面で交付することが必要です。なお、労働者が希望する場合は、以下の方法でも可能とされています。ただし、出力して書面を作成できるものに限られています。

- FAX
- Eメール含めて、webメールサービス
- LINEなどのSNSメッセージ機能

　第三者に閲覧させることを目的としたブログや個人のHPへの書き込みによる明示は認められていません。

　最近では、アプリを使った日雇いマッチングなど、様々な就農機会が存在し、システムによっては、労働条件通知書まで作成できるものもあるようです。ただ、労働条件通知は契約内容となるので、使用者側は、条件に記載された内容を労働者側がどのように捉えるか、常に気にしなければなりません。労働環境を整えるのは、あくまでも使用者側であることは忘れないようにしましょう。

番外　農業未経験者等への注意事項の伝え方

　著者の集荷人としての記憶では、農家さんは自分の圃場に知らない人が入ることを嫌うものでした。近年、日雇労働者を受け入れるようになってきたことだけを考えても、時代は変わっていると感じています。

　とはいえ、農業や農作業の経験がまったくない人に農業現場で作業をしてもらうのですから、それ相当の準備をしておいたほうがよいことは間違いありません。今はツールも発達しているので、作業手順の説明（マニュアル本）や動画の視聴などの準備さえしておけば、作業についてはそれほど問題ないでしょう。

　ただ、著者としては、「あ！」と思うこともいろいろあると伝えておきたいのです。まずは、図表3-14のようなものをひな形として使いながら、各々でブラッシュアップしてみてください。

▷図表3-14　作業に関しての注意事項

「〇〇農園　1日農作業」 にご参加、ありがとうございます！ 条件通知以外に、農園内では以下のことを守ってください！					
・作業前に		・安全対策		・作業中のこと	
□	挨拶しよう！	□	服装は、事前にお知らせのとおり。	□	必ず軍手をはめて作業する（忘れた方は申し出て）。
□	メンバー同士、初顔合わせ。	□	必要な道具がそろっていますか？なければ声をかけてください。	□	見かけない生物（昆虫、爬虫類など）には近付かない。
□	迷ったり、わからないことは、担当や正社員に確認を！	□	ミスは誰にでもあります、報告を！	□	
・体調のこと		・作業		・その他	
□	トイレに行きたいときは早めに声をかけてください。	□	作業は、マニュアルおよび説明どおり。	□	屋外作業ですが、喫煙は喫煙場所で、休憩時間のみ。
□	気分が悪くなったら早めに声をかけてください！	□	あくまでも仕事なので、ダラダラは禁物！	□	水分はいつでもとってください。

　この中に、圃場で初めて仕事をする人に対して伝えておきたいことはなかったでしょうか。例えば、ミスをしてそのままにされることは避けたいので、報告をしてもらう必要があります。そのために、あいさつをしたり、わからないことを社員に聞きやすくしたりすることは重要です。また、子どもを対象とした農業体験のようなイベントであれば、珍しい昆虫だから、植物だからとあまり無暗に触らないように注意しておくことも必要です。他にも、トイレが近くにないこともあるので、早めに声をかけてもらうなど、忘れがちですが気を配れるとよいでしょう。

　このようなシートを作成しておき、労働条件通知書とともに交付して、一読してもらうと、大きな事故を未然で防ぐことができる可能性もあります。

第3節　農業の就業規則

◆ 就業規則として必要な事項

　前節では、労働条件通知書に沿って、農業における記載項目についての注意点を書きました。農業は圃場での仕事が基本であり、他の産業とまったく状況が異なるため、職場・農場でのルールを誓約書などによって入社時や作業前に周知することが大切です。

　ただし、それだけでは不十分です。労基法では、常時10人以上の事業所に就業規則の作成と届出を義務付けていますが、著者は正社員が２～３名になった時点で、就業規則の作成を勧めています（簡易でも構いません）。というのも、数人集まれば、自然発生的にルールができてくるからです。先の桃太郎の話ではありませんが、法に従って労働条件通知書に記載すべき最低限の条件を決めたとしても不十分で、もっと細かく、働くための条件を決めるべきなのです。となれば、就業規則の作成が必要になります。

　就業規則には、絶対的記載事項と相対的記載事項の項目があります。

(1)　絶対的記載事項

　絶対的記載事項は、以下のとおりです。

- 始業および終業の時刻、休憩時間、休日、休暇ならびに交替制の場合には就業時転換に関する事項
- 賃金の決定、計算および支払いの方法、賃金の締切りおよび支払いの時期ならびに昇給に関する事項
- 退職に関する事項（解雇の事由を含む）

　「労働時間に関する定め」「賃金に関する定め」「退職に関する定め」は、必ず記載しなければならない項目となります。労働条件通知書と重複しますが、労働条件通知書では記載するスペースが限られているので、詳細に労働時間に関するルールが決められていたとしても、書き切れないことがよくあります。また、解雇の事由も労働条件通知書のスペースの中に、すべてを記入することは難しいでしょう。解雇の事由には、明確な事由が必要となるので、必ず詳細に記載して、周知させる手段が必要となります。

(2)　相対的記載事項

　さらに、相対的記載事項については、以下のとおりです。
- 退職手当に関する事項
- 臨時の賃金（賞与など）、最低賃金額に関する事項
- 食事、作業用品、社宅などの費用負担に関する事項
- 安全衛生に関する事項
- 職業訓練に関する事項
- 災害補償、業務外の傷病扶助に関する事項
- 表彰、制裁に関する事項
- その他、すべての労働者に適用される事項

　退職手当や賞与などについては、法的に導入しなければならないものではないため、会社が制度として設けている場合は、その内容を記載しなければなりません。

農業における就業規則の勘所

　絶対的記載事項および相対的記載事項の詳細については触れませんが、著者が農業における就業規則で大事だと考えるポイントは押さえてもらいたいので紹介します。

(1) 実態と合った労働時間

　実態と合った労働時間を規定することが最も大事です。著者は数多くの農業経営体の就業規則を見てきましたが、実態と合っていないところが多々ありました。

　例えば、就業規則には、始業・終業の時刻の記載があるものの、実態としては夏と冬の時間が違っていたり、休日を曜日で定めているにもかかわらず、実態は個人ごとに決めていたりするケースなどです。どう考えても、無理につくったとしか思えない規定が散見されます。

　労働契約法第7条には、「労働者及び使用者が労働契約を締結する場合において、使用者が合理的な労働条件が定められている就業規則を労働者に周知させていた場合には、労働契約の内容は、その就業規則で定める労働条件によるものとする」と定められています。つまり、労働者に周知させている就業規則は、労働契約となり得るのです。「いや、うちは周知してないから」と言い訳すれば、それは就業規則ではなくなり、まったく意味のない文章になってしまいます。

　第4章で解説しますが、実態と合った労働時間をしっかりと定めること、これが最も大事な点です。農業の所定労働時間は、実態に合わせれば合わせるほど、労働条件通知書では書き切れなくなってきます。そうなると、就業規則での取決めが必要となります。

(2) 費用負担・安全衛生・職業訓練

　農業などの1次産業では、寮費などの費用負担、安全衛生、職業訓練に関する事項も大事です。特に、安全衛生、職業訓練については、農業だからこそ必須だといえます。これらの詳細は、第5章で解説します。

(3) 社員の定義

　農業は多様な働き方の提案が可能な業種です（▷第4章第2節）。

となると、会社内に様々な働き方の人が存在することが考えられます。労基法においては、「使用者」と「労働者」の立場しかなく、どのような社員区分をしたとしても、同じ「労働者」に変わりはありません。しかし、社内での働き方、労働条件は違うはずです。様々な働き方が存在して、それぞれの実態がバラバラなのに、名前だけ一緒では混乱してしまいます。しっかりと管理しなくてはなりません。つまり、定義付けが必要だということです。

　就業規則では、正社員やパートタイマー、嘱託について「社員の定義」付けをし、社内における身分や立場、場合によっては職責を定めています。この「社員の定義」をしっかりと規定するために、社員区分表などを作成し、別添することも考えられます（▷図表3－15）。

▷図表3-15 社員区分一覧

	正社員		期間契約社員				
	正社員	短時間正社員	期間契約社員	フルタイム（特定技能含む）	パートタイム	学生アルバイト・研修生	外国人実習生
定義	労働契約に期間の定めがない、いわゆる正社員	労働契約に期間の定めがあるが、家庭の事情（育児や介護など）により当社と同様の所定労働時間を働くことが難しい正社員	労働契約に期間の定めがあり、定年退職後の継続雇用や専門的な知識を有する中途採用者など正社員に準じた働き方の者	労働契約に期間の定めがあるフルタイムパートタイマー	労働契約に期間の定めがある短時間パート	就労時間に制限のある学生、および研修生（インターン）など	外国人技能実習制度※を利用して期間を区切って実習を受ける者
イメージ1	会社の基幹を担う人材。会社からもちやその機会を利用され、キャリアを積み、将来は中核を担う存在として一翼を担っている。		専門技術を有する中途採用者や定年後に会社に残る者。フルタイム勤務であり、正社員に準じて働き方を求められる。	時間労働力供給型	時間労働力供給型	時間労働力供給型＋研修	外国人技能実習制度を利用して受け入れを行う。
イメージ2	安定した雇用が見込まれている。責任のある仕事を任用され、自己啓発を要求され、福利厚生や研修が充実している。		1年ごとの期間契約であり、期間満了後に更新するかどうか判断される。責任のある仕事も任され、福利厚生は正社員に準ずる。	時間・勤務日は基本的に正社員と同じ。転勤などの調整がしづらい。業務範囲は一定。ただし、経験により正社員と同様に、業務に対しての一定の責任が生じる場合がある。	時間や勤務日などの調整がしづらい。転勤がない。業務範囲が一定。	時間や勤務日は会社と調整する。転勤はない。業務範囲は一定だが、研修により段階的に学ぶ。	実習を目的としており、3年間の有期である。
残業・配置転換など	残業が必要な時もある。転勤や配置変換がある。会社業務すべてか取り組むべき業務となる。	基本的に、残業、転勤、配置転換はないが、場合によってはあり得る。会社業務すべてか取り組むべき業務となる。	配置転換はあり得る。残業はあり得る。与えられた業務が取り組むべき業務となる。	基本的に残業はない。必要な時もある。配置転換はない。与えられた業務以外の業務は行わない。	基本的に残業、配置転換はない。与えられた業務をこなす。	契約期間は個別に決定する。	残業はあり、配置転換はない。
給与体系	月給	月給×3/4	月給	時給	時給	時給	時給
労災保険	○	○	○	○	○	○	○
雇用保険	○	○	○	適用範囲がある	適用範囲がある	×	○
社会保険	○	○	○	適用範囲がある	適用範囲がある	○	○
賃与	○	○×3/4	○	×	×	×	○

※外国人技能実習制度は「育成就労制度」に変更されます。

第4章

農業と労働時間管理

第1節　農業と労働時間

◆◆ 農業は労基法第41条に該当

　農業は、労基法第41条第1号に該当し、労働時間等に関する規定の適用除外とされています。ここをもう少し丁寧に見ていきます。

労働基準法

（労働時間等に関する規定の適用除外）
第41条　この章、第6章及び第6章の2で定める労働時間、休憩及び休日に関する規定は、次の各号の一に該当する労働者については適用しない。
　①　**別表第1第6号（林業を除く。）又は第7号に掲げる事業に従事する者**
　②　事業の種類にかかわらず監督若しくは管理の地位にある者又は機密の事務を取り扱う者
　③　監視又は断続的労働に従事する者で、使用者が行政官庁の許可を受けたもの

※太字、下線は著者による

　下線部分の事業に従事する者（労働者）には、適用しないとされています。本書は農業における法人化や6次産業化等、多様化する農業の労務管理についてまとめたものです。その観点から、この号の記載が「事業」そのものではなく、事業に「従事する者」を除外しているところに注目します。

　まず、その「事業」とは何なのか、労基法別表第1第6号および第7号をみてみます。

労働基準法（抜粋）

別表第1

1　物の製造、改造、加工、修理、洗浄、選別、包装、装飾、仕上げ、販売のためにする仕立て、破壊若しくは解体又は材料の変造の事業（電気、ガス又は各種動力の発生、変更若しくは伝導の事業及び水道の事業を含む。）

2　鉱業、石切り業その他土石又は鉱物採取の事業

3　土木、建築その他工作物の建設、改造、保存、修理、変更、破壊、解体又はその準備の事業

4　道路、鉄道、軌道、索道、船舶又は航空機による旅客又は貨物の運送の事業

5　ドック、船舶、岸壁、波止場、停車場又は倉庫における貨物の取扱いの事業

6　**土地の耕作若しくは開墾又は植物の栽植、栽培、採取若しくは伐採の事業その他農林の事業**

7　**動物の飼育又は水産動植物の採捕若しくは養殖の事業その他の畜産、養蚕又は水産の事業**

8　物品の販売、配給、保管若しくは賃貸又は理容の事業

9　金融、保険、媒介、周旋、集金、案内又は広告の事業

10　映画の製作又は映写、演劇その他興行の事業

11　郵便、信書便又は電気通信の事業

12　教育、研究又は調査の事業

13　病者又は虚弱者の治療、看護その他保健衛生の事業

14　旅館、料理店、飲食店、接客業又は娯楽場の事業

15　焼却、清掃又はと畜場の事業

※太字は著者による

　別表第1第6号では、「土地の耕作若しくは開墾又は植物の栽植、栽培、採取若しくは伐採の事業その他農林の事業」を農林業として、同第7号では、「動物の飼育又は水産動植物の採捕若しくは養殖の事業その他の畜産、養蚕又は水産の事業」を畜産業および水産業としています。労基法第41条第1号では林業を除いているので、林業を除くこれらの事業に従事する者については、労働時間他労基法の一部の適用を受けないこととされます。

　では、いわゆる農業、畜産業、水産業に従事する者について、労基法の何が適用除外となるのでしょうか。

　　　　第4章　労働時間、休憩、休日及び年次有給休暇
第32条（労働時間）～の5
第33条（災害等による臨時の必要がある場合の時間外労働等）
第34条（休　　　憩）
第35条（休　　　日）
第36条（時間外及び休日の労働）
第37条（時間外、休日及び深夜の割増賃金）第4項を除く
第38条（時間計算）～の4
第40条（労働時間及び休憩の特例）

　　　　第6章　年少者
第60条（労働時間及び休日）

　　　　第6章の2　妊産婦等
第66条（妊産婦に対する時間外労働）
第67条（育児時間）

　関係条文は上記のとおりであり、これの主な部分をまとめると、図表4－1のとおりです。

▷図表4-1　労基法の適用と適用除外の違い

	適用の場合	適用除外の場合
労働時間	・1週40時間を超えて、労働させてはならない ・1日8時間を超えて、労働させてはならない	・左の規定がない ⇒法で定められた労働時間がない ⇒会社の判断で労働時間が設定できる
休　　憩	・6時間を超える場合 　少なくとも45分休憩 ・8時間を超える場合 　少なくとも60分休憩	・法に定める休憩はない ⇒会社の判断で休憩を与えることができる
休　　日	・毎週1回の休日 　または ・4週で4回の休日	・法に定める休日はなし ⇒会社の判断で休日を設定できる
時間外及び休日の労働	・労使で協定し、行政官庁に届け出ることで、その範囲内で延長または休日に労働させることができる	・法に定める労働時間がないため、必要ない ⇒会社が時間外、休日労働を設定できる
割増賃金	・法定労働時間外　　　25%以上 ・60時間を超えた部分　50%以上 ・法定休日の労働　　　35%以上 ・深夜　　　　　　　　25%以上	・法に定める労働時間や休日がなく、そもそも「それ以上」の労働がないので、なし。 ・深夜については25%以上
年次有給休暇	あり	あり

　ただ、このように適用除外とされている理由を、しっかりと認識しておく必要があります。それは、農林業や水畜産業の労働の対象が植物や生物といった自然物であって、業務そのものも天候、季節、成長や繁殖などの自然的条件に大きく左右されるため、労働時間を人為的に規制すると、かえって事業運営の維持に困難をもたらすという考え方だからです。

　例えば、田畑で栽培する野菜の場合、寒い時期に作物は成長しません。さらに雪で田畑が覆われてしまえば、成長どころではないでしょう。一方、牛や豚などの動物は、当然ながら生きています。毎週日曜日を休日と決めたとしても、「休日だから」と休んでくれるわけはなく、生物にはまったく関係がありません。また、就業時間を何時から何時

までの 8 時間というように決めたとしても、 8 時間に合わせて動いて
くれるわけではありません。このように、季節や動植物の成長に業務
を合せないといけないことから、適用除外になっています。

　また、働く人にとっても、休日を法律で強制的に定めることをせず
とも、雨や雪の日、作物が成長しない時期といった自然環境によって
休日が確保できるため、適用除外となっているといえます。

　ちなみに、農林業や畜水産業は、労基法が公布された昭和22年 4 月
7 日当初から、法第41条該当として、適用除外となっていましたが、
林業については平成 5 年に除かれました。

 ## 農業に労働時間の管理は必要？

　適用除外で労働時間が定まっておらず、定める必要もないなら、「そ
もそも労働時間を管理する必要がないのでは？」と考える人もいるか
もしれません。しかし、それは大きな間違いです。農業であっても、
労働時間の管理は必要です。確かに、家族経営であれば「お父さんが
畑に行っている時間」を気にする必要はなかったかもしれません。で
すが、今や農業経営において「雇用」は必須となっています。そこで、
雇用される労働者が提供するものは、自身の時間です。その時間を、
管理しなくてよいわけがありません。

　労働者は、労働を時間という単位で区切って提供しています。例え
ば、時給で働く労働者は、 5 時間働いたら 5 時間分の賃金をもらいま
す。月給で働く労働者は、月に何時間働いたうえでの月給かを理解し
ていますし、その時間を超えて働いたとすれば、時間外労働分の賃金
を受け取るのは当然のことです。となると、労働した時間を管理して
いなければ、適正な賃金を支払うことができません。つまり、適応除
外であっても労働時間の管理が必要である理由の 1 つは、「賃金を計
算するため」です。

　 2 つ目は、「使用者の管理下での労働だったか」をはっきりさせる
ためです。業務上災害の認定には、業務起因性（業務と傷害に一定の

因果関係があること）と業務遂行性（労働関係の下で生じた事故であること）が必要です。農業において業務上災害は、暗くなる前に仕事を終わらせたいと焦る気持ちから、日が暮れる時間帯に多く起こっています。このように日暮れの時間帯に事故が起こった場合で、使用者が把握していない時間だったとすれば、使用者の管理の下だといえるのか、すぐに判断がつけられません。日々の労働時間を管理していないことで、業務遂行性を証明するために手間を要する可能性があるのです。最終的な結果として業務上と認められたとしても、すぐに判断がつかない状況では、被災した労働者も不安になってしまいます。そのため、労働時間を管理すべき使用者は、日が出ている時間によって変動があるとしても、明確な労働時間を把握している必要があるのです。

さらに、原価計算のためにも労働時間の管理は必要です。これまでの農業は、栽培した作物を市場流通にのせ、価格を決定してもらう、いわゆる委託販売が主流でしたが、これからは自身で販売を行う機会も増えていきます。だとすれば、作物を作るための原価をしっかりと把握しなくてはなりません。労働者に支払う賃金は、経営者にとっては経費です。経費である賃金は労働時間によって計算されるので、労働時間の把握は欠かせないことになります。

このように、労基法第41条に該当し、労働時間他の規定が適用除外になっていたとしても、労働時間や休日などのしっかりとした把握は必要だと理解してください。ちなみに，労基法第108条では，賃金台帳を調製する義務を使用者に課しており、賃金台帳には、支払った賃金の根拠、つまり労働日数や労働時間などの記載が求められています。

所定労働時間と法定労働時間

農業等（農業、畜産業、水産業など労基法第41条適用除外該当事業）においては、法定労働時間に関する規定がありません。だからといって労働時間の管理が不要かといえば、先に書いたとおり、必要です。

　雇用契約とは、労務の提供を受け、その対価として賃金を支払う契約であり、その対価の度合いを測る尺度として「時間」が利用されます。「時間」を軸に「どれだけ」働いてもらったかを考えるのです。人によって、足の速い人、背の低い人、力の強い人、計算の早い人、話が上手い人、人付き合いがよい人等、いろいろな人がいますが、すべての人に平等なものが「時間」です。ですから、労基法においては、「時間」的平等を基本に規定されているのです。つまり、労働者にとっては、賃金の尺度とされる「時間」は最も大事な労働条件となります。このように、労働者にとって非常に大事な条件である労働時間に関する規定を、農業等では適用除外としていると認識しておいてください。

　これまでの家族経営であれば、少し仕事が遅くなったとしても、「夜ごはんが遅くなる」程度の考えだったはずです。しかし、労働者の立場からすると、その程度では済みません。時給での契約の場合、「働いた時間×単価」で賃金が計算されるので、労働時間の管理がしっかりとされていれば、それほど問題はありません。しかし、月給の場合に、わかりにくくなってしまった農業法人の事例をたくさん見てきました。それは、「その月給が、どれくらい（の労働時間を）働いた対価としての賃金か」ということが掴めないからです。

　一般の産業であれば、法定労働時間という法律に定める労働時間があり、1日8時間および1週40時間の法定労働時間を超えた分の労働は時間外労働として、割増賃金の支払いが求められます。つまり、法定労働時間まで働いていれば、月給相当の時間は働いたと理解できるという意味です。また、1週間のうちに休日が1日もなければ、法定休日に働いたことになるということです（変形労働時間制や変形休日制の場合を除きます）。一般の産業でも、雇用契約の取り交わしや労働条件の明示は当然必要ですが、万が一、それがないとしても、法律で上限が定められているので、法定を超えた時間分は月給以上の賃金がもらえると理解します。

　しかし、農業等の場合はそうではないのです。だから、「どれだけ（の時間を）働いた対価としての月給の金額か」ということをしっかりと

示さなければなりません。そのための「所定労働時間」なのです。

　賃金を月給で支払う場合こそ、１か月の所定労働時間を明確に設定する必要があります。この部分を経営者があまり理解していないところに、農業経営における労務管理の難しさがあるのだと考えます。経営者がしっかりと理解して、所定労働時間を設定し、超えた分は残業代を支払うことが求められています。

所定労働時間をどうやって設定するか

　まず、所定労働時間を区切る単位を決めます。月給で賃金を決めることがほとんどなので、所定労働時間も月単位で区切ることになります。

　仮に、これを１日ごとに設定しようとすると、どうなるでしょうか。播種作業の時期、翌日の朝に雨が降ることが確実であれば、その日のうちに播種作業を終わらせないといけません。雨の日には外での作業が制限されるからです。夏であれば、熱中症のリスクがあるため、日中に屋外で長時間の作業をすることはできません。また、牛や豚など家畜を飼育する畜産業では、家畜の分娩など、人の都合でどうにもできないこともあります。そもそも、このようなことが起こり得るために労基法第41条に該当するとされています。１日単位での設定は困難です。

　また、賃金（P.76）で説明したように、いわゆる賃金の五原則というものが定められています（労基法第24条）。この原則により、賃金は、金銭を、直接労働者に、働いた分の全額を、毎月、一定の期日に支払うとされています。そのため、月単位で定めるのがよいといえるでしょう。

(1)　所定労働時間設定の３つのポイント

　月による所定労働時間を設定するためのポイントは大きく３つあります。

①　季節による繁閑の有無

　季節による繁閑の有無とは、季節によって忙しい時期と手隙な時期があるかということです。水稲が中心となれば、お米作りの時期に作業が集中することが予想されますし、冬に積雪となる地域であれば農作業そのものができない時季があります。また、水稲でなくとも、環境制御型の施設栽培でトマトを栽培していると、木の植え替え時期に仕事量が減ります。果樹栽培が中心であっても同様です。

　一昔前は、「雇用すれば仕事をつくらなあかん」と、いつもは作業をしない農閑期に小松菜などの菜っ葉を植えて、仕事をつくるという話もよく聞きました。しかし、農業は季節による繁閑があって当然として労基法第41条に該当するので、通年で平均して同様の労働時間にする必要はありません。ゆえに、戦略的に農閑期に他の作物の栽培に取り組むのでなければ、無理に仕事をつくらなくても問題ありません。

　一方で、夏と冬では作物の成長速度が違うので、作業量はまったく同じにはなりませんが、水菜などの軟弱野菜を周年栽培するような農業であれば、1年中仕事があります。

　このように、経営する農業ごとに、季節による繁閑の有無があるはずです。当然ですが、忙しい時期は労働時間も増えますし、手隙な時期に労働時間は少なくなります。年間を通じて平均した労働時間で対応できるか、できないのかの判断が必要です。

②　1日の作業が一定かどうか

　これは、1日の作業が、日によって大きく変わることが頻繁にあるのかということです。例えば、露地栽培で播種時期に、終業時間になっても作業が終わらなかったとします。しかし、翌日の朝に雨が降ることが確実な場合、圃場が乾くまで播種作業はできなくなります。となれば、就業時間だからといって切り上げるこ

となく、播種作業を終えるまで作業を続けるという判断をするで
しょう。また、天候が良く、きゅうりの成長が著しい場合は、そ
の日のうちに収穫作業を終えてしまわないと、翌日の朝では廃棄
すべきものが多く出てしまうことなどもよくあります。

　他の事業でもあり得るといわれそうですが、このような事情を
踏まえたうえで適用除外とされているのが農業であり、今の労基
法です。もちろん、労働者にとってみれば、毎日決まった時間に
始まり、決まった時間に終わるほうがよいでしょう。しかし、従
来の家族経営から事業経営への変化を進めるために、まずは実態
に沿った労働時間管理ができるようにする流れが必要です。

　そもそも、法がこのような管理を認めているのですから、1日
の作業が天候、気候、自然的条件によって変動する場合、就業時
間も変動させて構いません。ただし、何度も述べているように、
あくまでも労働者としっかり契約を結ぶ必要があります。

③　一般的な産業に比べて、労働時間が多いかどうか

　②では1日の労働時間が日々違うことがあり得るかどうか、を
取り上げましたが、③では単に「営まれている農業において、労
働時間が年間でどのくらいであるか」が論点です。

　一般的な企業であれば法定労働時間をもとに、年間2,085時間
(52.14週×40時間) の中で所定労働時間を設定しなくてはなりま
せん。この一般の産業の労働時間と比して、短いのか長いのかを
考えることになりますが、長いことが悪いことではありませんし、
一般的な産業にすぐに合わせる必要もありません。まずは、今の
時点の実態として、長いのかどうかを知ることが重要です。

　理由は、正社員の労働者に月給で支払うには、月の所定労働時
間を決定する必要があるからです。そこで、実態とそぐわないの
に月173.75時間 (2,085時間÷12) としてしまうと、当然ですが、
この時間を超える時間は残業 (いわゆる所定時間外労働) になり
ます。実態は173.75時間内に収めることができないのに、残業あ

りきで事業を考えるべきではありません。まずは、実態を正確に把握し、年間2,200時間なのであれば、月の所定労働時間を183.33時間として契約し、173.75時間に近付ける企業努力をしていきます。これが生産性を向上させるということではないでしょうか。

　そもそも、農作物の価格設定は、市場流通を基本とした需要と供給の関係で決まっています。自身で価格設定できない業界で、労働時間のみを設定されたもの以内とし、採算のとれる農業を遂行しなさいというほうが、難しい話だと著者は考えます。そのため、まずは実態に沿った労働時間を設定し、月の所定労働時間として契約するようにしてください。ここが非常に大事なところです。

　この①～③が大きなポイントですが、いずれの場合も、最も大事なことは、実態と合わせるということです。農作業は、違う作物の栽培に取り組んだり、栽培方法を変えたりしたときなどの他は、基本的にほぼ作業工程が毎年同じです。ですので、過去の積み重ねから設定する方法が一番良い方法だといえます。

　私の地元では、お正月の雑煮用の雑煮大根という小さめの大根の栽培が盛んでした。この大根は、京都中央市場で1年に1回しか競りが行われません。令和5年は12月26日でしたが、毎年この辺り（25日もしくは26日）です。そのため、農家さんは毎年同じタイミングで雑煮大根の栽培を行います。10月の10日前後に播種するので、その前に土を作り、畝を立てて準備します。その後も、天候を見ながら潅水、間引きなどの作業を行います。さらに、出荷日が決まっているので、逆算して収穫作業、選定作業と続きます。このように、雑煮大根の農家さんは、ある程度同じ作業を毎年繰り返しています。

　ただし、同じ時期に播種しても、以降の天候や気候による変化が大きく、出荷前に収穫するとものすごく大きな大根になっていたり、逆に小さいと思って間引いてしまうと想像以上の大きさになっていたりと、非常に生産者としての調整のタイミングが難しい作物です。農家さん的には、そこが

非常に面白いそうです。

Ω   Ω   Ω

　以上のとおり、毎年この時季に、この日辺りにこの作業をすると、自分で認識している農業者がほとんどですし、農業暦をつけている農業者もたくさんいます。また、雇用を続けていると、何年も繰り返すことで、労働時間の集計ができてきます。そこから所定労働時間を設定することも可能です。これまでの経験から設定する方法が、実態と合致しており、最も適しています。ただ、農業は自然的条件の下で働くことになるので、人間が考えるとおりにはいかないことも常です。

⑵　季節による繁閑の把握

　季節により業務の繁閑がある場合、1年単位の変形労働時間制の導入を検討します（労基法第32条の4）。

　取り組む作物にもよりますが、例えば、著者の地元での水稲であれば、5月から6月に田植えを行います。また、収穫は9月からとされています。その他にも、別の作物を栽培している時期があったり、付随する作業（農機具の整備や作業場内の清掃など）をしたりすれば、労働時間として想定します。

　そこで、図表4-2のような年間の作業管理を書き出してみるのも1つの方法です。

▷図表4-2　年間の作業管理表

年間業務											
春			夏			秋			冬		
4月	5月	6月	7月	8月	9月	10月	11月	12月	1月	2月	3月

※12月が秋に、3月が冬になっているので、適宜修正してください。

　最初から月単位で決めるのが難しければ、春夏秋冬の作業を洗いだし、それを暦月に割り振るという流れでも構いません。これにより、時季による作業量が見えてきます。季節ごとの作業量を暦月に割り振ることができたら、暦月に割り振った時間と実際の時間にずれがないか、見ていきます。修正が必要であれば、来期に修正をします。

　少し話は逸れますが、作物ごとに年間作業管理表を作ることも大事です。いきなり表を埋めるのが難しければ、図表4-3・4-4のような作業工程を書き出すことから始めましょう。
　以下は、あくまでも著者が書きだした「青ねぎ」と「なす」の作業工程です。地域によって作業工程が違うところもあるでしょうから、そこは自身の地域による作業工程を洗い出してください。

▷図表4-3　青ねぎの作業工程

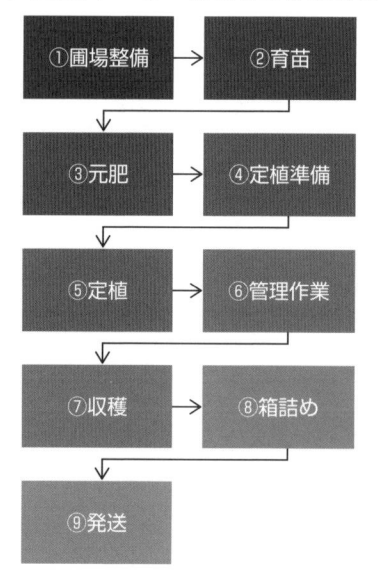

▷図表4-4　なすの作業工程

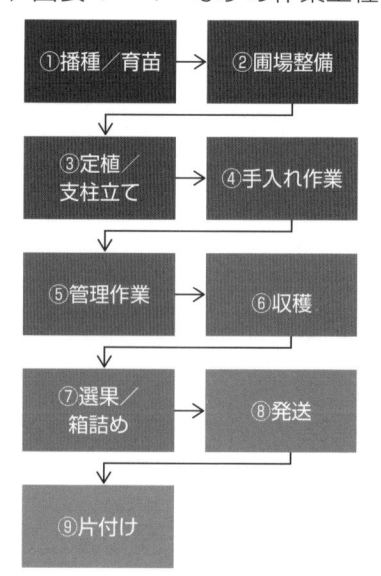

　これらの作業工程を1年に落とし込んでみると、以下のような表となります。これだけを見ても、4〜6月は2種類の作物の作業が重なることがよくわかります。

▷図表4-5　青ねぎの年間作業管理表

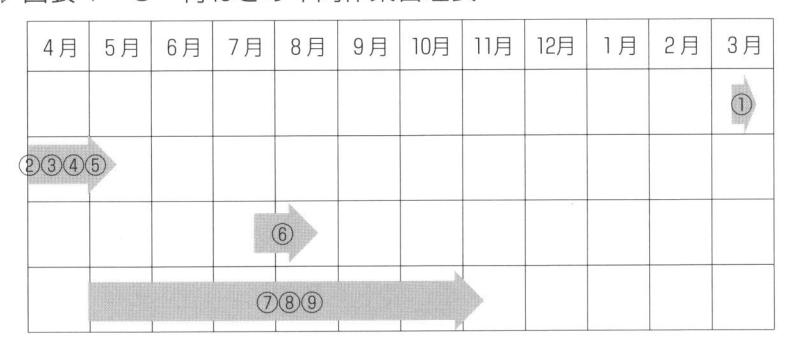

4月	5月	6月	7月	8月	9月	10月	11月	12月	1月	2月	3月
											①
②③④⑤											
			⑥								
	⑦⑧⑨										

▷図表4-6　なすの年間作業管理表

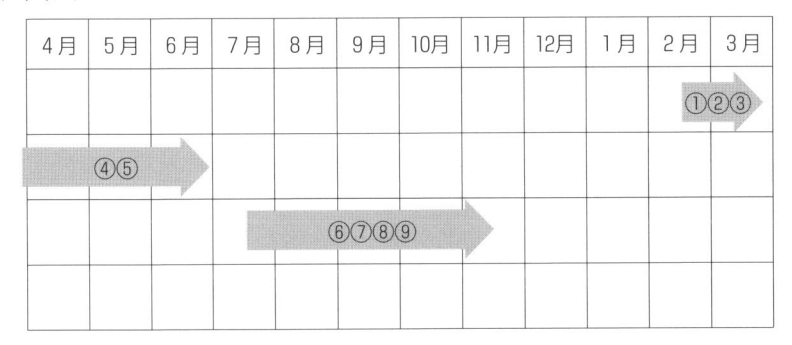

4月	5月	6月	7月	8月	9月	10月	11月	12月	1月	2月	3月
											①②③
④⑤											
		⑥⑦⑧⑨									

　このように、いわば「何とかして」季節の作業を各月の作業に落とし込み、各月の忙しさの比較を見える化します。

　作成した自園で栽培する作物の作業工程を記入した作業管理表と年間の作業管理表は、大きなホワイトボードなどに示しておくことで、今の時期にすべきことを共有することができます。農業は1年に1度の作業が原則です。経験の乏しい新入社員は、今の時期にすべきことが理解できていません。それを見える化し、示しておくこ

とにより、次に行うべき作業の共有と進捗状況の理解を促し、作業の迅速化を図ることができます。このような取組みは多くの農業法人で実践されていますが、まだのところがあれば、ぜひ取り組むべきです。

(3)　休日の設定

　季節ごとの労働時間、暦月ごとの仕事量を大まかに設定したら、次に休日数を設定します。もちろん、作業が少なければ休日も多くなりますが、農作業だけが業務ではないことも忘れてはなりません。農機具の整備や作業場内の清掃、年間の事務作業、営業活動、広報、研修など、農作業以外にもたくさん業務は存在します。その時間も考慮しなくてはならないので、農作業がないから休みとは考えにくいものです。

　また、年末年始や夏季休暇など、通常の会社であれば存在する休暇も検討し、休日数を想定します。もし、月々の休日が想定できなければ、年間で何日と考えても構いません。まったく想定ができなければ、法律の規定や、一般の産業の休日数を参考にします。ちなみに、法律における休日は、「1週間に1度」与えなければならないとされており、週1回の休日であれば年間52日～53日となります。また、一般の産業は週40時間労働が法定労働時間ですので、週休2日を採用しているところがほとんどです。となると、年間104日となります。年末年始や夏季休暇も想定して、年間休日110日と決定しても構いません。

　時季によって作業の繁閑が極端な水稲などの場合は、年間の休日数を設定するよりも、「作業が少ない時季にはどのような作業があるのか、それはどれくらいの時間数を想定できるのか」などから、時季ごとの休日を考慮して設定すればよいでしょう。

　ちなみに、冬の時期に農作業がなくても、除雪作業を受託している地域もあります。あまりにも休日数を多く設定していると、除雪作業が間に合わない可能性もあるので、その辺りも含め、どのくら

い休日が設定できるのか、これまでの経験やここ数年の状況を見て決定しましょう。その際、状況によって変更すると規定して構いませんが、就業規則や契約として締結している場合は、不利益変更にならないように配慮が必要です。

◆◆ 多様な時間管理

ここで、著者が実際に提案して運用されている、農業者の代表的な労働時間管理手法を3つご紹介します。

(事例1) 年間休日管理方式

この管理手法は、トマト園やブドウ園、イチゴ園といった果樹園や、水稲なども含む少数の作物を栽培しているところが利用しやすい方法です。農作物は基本的には1年に1回、収穫シーズンを迎えます。メインの作物1種類もしくは少数品目の栽培であれば、作業管理表は1つとなります。つまり、繁閑が明確に分かれるということです。ただし、自然相手の農作物であり、曜日や日を前もって特定することまでは難しいので、大きく年間の休日を決めておき、取れるときにしっかりと取ってもらうという管理方法です。

年間休日管理方式として、以下の条件で契約を行います。

第〇条
　農作物の生育過程に応じて労働日および休日を確保するために、年間休日を定めたうえで繁閑に応じて各月ごとの休日を決定し管理する年間休日管理方式として、月ごとの所定労働時間を以下のように定める。
　①　休日は年間90日（起算日は毎年4月1日）とする。
　②　毎月1日から月の末日を1か月（暦月）とする。
　③　1日の労働時間は8時間とする。
　　　基本的には8:30〜17:30(休憩60分)とするが、時季によっ

ては開始を早めることがある（早く終わることもある）。

④　休日は、農繁期であっても月4日は確保できるように配慮し、盆の時期および年末年始に各3日を取得できるように設定する。

⑤　④を踏まえ、各月の休日は、その月が始まる15日前までの前月中に労働者が自ら希望を申し出て、会社が業務の状況を勘案し、その月が始まる10日前までに決定し、各人に通知する。

⑥　⑤によって決定した月の労働日数×8時間を各月の所定労働時間とする。

　　例：暦月31日（休日6日）の月の所定労働時間

　　　　（31－6）×8＝200時間

⑦　①～⑥の条件で、労働契約書もしくは賃金規程に定められた、月ごとの給与（月給）を支払う。

⑧　⑥に定める月の所定労働時間を超えた場合、時間外労働手当として、月給を1か月あたりの平均所定労働時間で除して求めた時間単価を支払う。

　　例：1か月あたりの平均所定労働時間：

　　　　（年365日－年間休日90日）÷12月×8時間＝183.33

⑨　年度途中で退職した（もしくは、入社した）者については、年度中の実労働時間と在職した月数（日数・労働時間）における期間の平均所定労働時間と比し、年度末もしくは退職時に精算する。

⑩　なお、3か月に一度、休日取得数を計算し、取得が少ない者については優先的に取得をしてもらうように促す。

季節ごとの作業がわかりやすく、繁閑が明確な場合でも、気候により収穫シーズンが早まったり遅くなったりと、旬はその年の状況によって変わります。そうなると、各月ごとの休日を設定することは難しいので、年間の休日数だけを決めておき、忙しいときは休みを少なく、農閑期は多めに休日を取ってもらうことを想定した管理になります。

そのため、期間の初めに閑散期があると、休日の調整がしにくくな

る場合があります。事例では１年間の起算日を４月１日にしていますが、休みを消化しやすいように閑散期後に起算日を設定することをおすすめします。もちろん、１日から始める必要もないので、賃金の締め日に応答する日から始めると、賃金計算もしやすくなるでしょう。

また、それぞれの月が始まる前に、休日数を決めておく必要があります。なぜなら、休日数が決まらないと月の所定労働時間が決まらず、月の所定労働時間が決まらないと所定労働時間を超えた労働時間を計算することができないからです。そうなると時間外労働が把握できなくなります。ですので、年間の所定休日数から、それぞれの月の所定休日数をあらかじめ決めておく必要があるのです。

なお、水稲のみの場合、その作業工程の特殊性から、休日が多くなることがあり得ます。地域によっては、冬は積雪により農業そのものができなかったり、除雪作業を請け負ったりしている会社もあります。そうなると、労働日および労働時間の設定が難しくなってきますが、会社として、労働者が個人的に除雪作業労働者として働く機会を推奨するなど、積極的に兼業・副業に取り組むことで、労働時間の確保を図ることも考えられます。その場合は、労基法第32条の４にある「１年単位の変形労働時間制」をベースとして、田植え時期や収穫時期を「特定期間」として設け、年間の労働時間を組んだほうがやりやすいこともあります。

番外 なぜ１日８時間勤務なのか

「１日８時間勤務」を前提に話を進めていますが、農業においては、８時間ではなく、６時間や10時間としても構わないはずです。そもそも１日８時間勤務というのはどこから出てきたのでしょうか。

労働時間の問題が表面化したのは産業革命の時代からです。それ以前は、いわゆる労働そのものは皆で行うべきものであって、強制され

るものではなく、現在のような雇用関係はありませんでした。それが、産業革命により、資本主義が確立され、資本家と労働者という関係が出来上がりました。

　資本家は、自身が私有している生産手段を、労働者の労働力を持って動かすことで、商品を生み出したり、商品価値を付したりして、利潤を得ます。利潤を追求するためには、限られた生産手段をフル活用することが重要です。簡単にいえば、機械を絶えず動かすための労働力が必要となり、結果として長時間労働を強いることとなりました。産業革命下では、1日14時間〜16時間労働となっていたそうです。これでは労働者が健康を維持できず、身体を壊し、かえって生産能力を落としてしまうこととなります。

　このような劣悪な労働条件を改善しようと、イギリスでは工場法により、児童労働の規制、女性と若年労働者の保護が謳われるようになり、10時間法の制定で1日の労働時間が10時間に規制されるようになりました。

　このような動きが波及したのか、世界各地で労働条件の改善を求めたデモやストライキが起こり始めます。そこで「8時間は労働、8時間は休息、そして残りの8時間は自分たちのための自由な時間のために」といったスローガンが、8時間労働を要求するものとなり、今も受け継がれているのです。1日の24時間を、8時間は人間として必要な睡眠時間に、8時間は自由な時間として、8時間は生きていくために賃金を確保するための8時間として、と3分割することは、理屈にかなっているように思いますが、皆さんはどう感じるでしょうか。

　また、労働生産性においても、「8時間労働」が最も向上するという結果が鉄工所にて実際に行われた実験から出ており（1894年「8時間労働論」／ジョン・レイ）、大正8（1919）年国際労働機関（ILO）第1号条約にて、1日8時間・1週48時間の考えが採択され、世界の労働時間のスタンダードとなりました。ちなみに日本では、40年ほど遅れた明治22（1947）年に労働基準法が制定され、1日8時間の原則が規定されました。

（事例2）　労働時間積算方式（砂時計方式）

　この管理手法は、多品目を栽培している、または周年栽培しているなど、年間を通じて作業があり、あまり季節に左右されない農業や畜産業に適しています。

　我々の食卓には春夏秋冬いつでも野菜が並んでいますが、並ぶ野菜の種類は違います。それは、それぞれの農作物の旬が違うからです。旬が違う野菜を多品目作るとなると、常に何かしらの作業が求められます。また、同じ作物を施設栽培によって周年栽培する農家も増えています。さらに、畜産業にあっては、365日、季節にかかわらず、動物の世話を行います。いずれにしても、常に必要となる作業がある状態となります。

　ただし、季節ごとに作業の繁閑はそれほどないとしても、日々の作業が日々の天候に左右されることはあり得ます。そのため、月の所定労働時間をあらかじめ設定しておき、日々の労働時間を積算する方法をとるとよいでしょう。

　この管理手法は、労働者に農作業をある程度任せ、その裁量で実践してもらうことになるので、人材育成の意味合いもある点が大事です。

　労働時間積算方式として、以下の条件で契約します。

第○条

　労働者自らが作物の状況を観察し、自らの業務に責任を持ってもらうため、また、より効率性を追求してもらうため、会社が設定した月の所定労働時間内で、日々の労働時間を毎日積み上げ、労働者自ら管理する労働時間積算方式を定める。

　なお、1か月を単位として、毎月1日から当月末日を1か月（暦月）とし、会社が設定する所定労働時間を次のように定める。

　①　1週間の労働時間を44時間と想定し、1か月の所定労働時間を図表4－7のように定める。

〈参考〉　番外：向井蘭『教養としての「労働法」入門』（日本実業出版、2021年）

▷**図表４－７　週44時間の場合の所定労働時間**

	根　　拠	所定労働時間
31日の月 （1月・8月除く）	31日÷7日×44時間＝194.8	195時間
30日の月	30日÷7日×44時間＝188.5	188.5時間
29日の月	29日÷7日×44時間＝182.2	182.5時間
28日の月	28日÷7日×44時間＝176	176時間
1月と8月	194.8時間－24時間※＝170.8	171時間

　※1月と8月は年始・夏季休暇の3日間（×8時間）を想定しています。

②　各日の始業・終業の時刻は、所属部長の管理の及ぶ時間ならびに事務所の開業時間を考慮し、季節ごとに以下のように定めるが、気候、天候、作物の成長具合、圃場管理の進捗状況、日照状況によって、繰り上げもしくは繰り下げることがある。

▷**図表４－８　季節ごとの始業・終業時刻等**

	始　　業	終　　業	休　　憩	就業時間
夏時間	6：00	15：00	60分	8時間
冬時間	8：00	17：00	60分	8時間

③　本制度では、1日の労働時間を8時間、月6日の休日を基本とするが、労働者からの申し出と所属部長の許可の下、作物の状況に合わせて就業時間や休日を変更することがある。

④　各月の休日については、その月が始まる10日前までの前月中に労働者が自ら希望を申し出、会社もしくは所属部長が業務の状況を勘案し、その月が始まる5日前までに決定し、各人に通知する。

⑤　業務開始時および終了時に勤怠システムに入力し、各日の労働時間を積み上げ、労働者自らが月の実労働時間を管理することを基本とする。また、賃金締め切り日に①の所定労働時間（▷**図表４－７**）を超えた分を時間外手当として支給する。

⑥　⑤の時間外手当の単価については、賃金規程に定められた月ご
との給与を月の平均所定労働時間で除した額とする。
月の平均所定労働時間：
年間2,247時間÷12月＝187.25時間

⑦　実際の労働時間が、①に規定する所定労働時間（▷図表4－7）
に満たない場合（始業・終業は通常どおり出務し、6日休日を取
得しても到達しない場合）であっても控除しない。

⑧　④で定めた所定労働日（就業を予定していた日）に欠勤（もし
くは遅刻、早退　以下同じ）した場合（所定休日の振替を除く）、
①の所定労働時間から欠勤した時間分（1日であれば8時間）を
月額給与から控除することとし、欠勤した時間分の給与は支給し
ない。なお、控除する際の単価も⑥とする。

⑨　⑧の場合、管理する圃場・作物の成長具合によって所属部長が
認めた場合は、所定休日を振り替えし、当該日の労働時間を当該
月の中で変更することができる。

⑩　繁忙期であっても、1か月4日は休日を確保できるように努め、
盆の時期および年末年始に各3日を取得できるように設定する。
もし、年末年始に3日を振り分ける場合、その振り分けによって
所定労働時間を修正する（例えば、12月31日と1月1日・2日
を休日とした場合、所定労働時間をそれぞれ12月＝187時間
（194.8－8＝186.8）、1月＝179時間（194.8－16＝178.8）
とする）。

　通常は、日々の始業時刻と終業時刻が決定されているため、このような管理方法は行うことができません。しかし、周年作物に取り組む農業現場では、播種や定植時期が1年間に何度もあり、降雨や降雪、日照条件によっても業務が変わるため、労働時間の調整がどうしても必要となります。先にも例をあげましたが、雨が降ってしまうと播種できないので、雨が降る前に播種をしなくてはなりません。また、良い具合に成長したきゅうりは、その日のうちに収穫しなければ、大き

くなりすぎてしまいます。このような現場の判断に対応するため、毎日の始業・終業の時刻は前もって明確に明示することはできないが、前日には決定するという、実情を踏まえた方法を取るとよいでしょう。

　なお、この事例では標準とする労働時間を「週44時間」と定めましたが、「週40時間」「週42時間」「週48時間」とすることも可能です。ちなみに、「週40時間」であれば、図表4−9のようになります。

▷図表4−9　週40時間の場合の所定労働時間

	根　　拠	所定労働時間
31日の月 （1月・8月除く）	31日÷7日×40時間＝177.14	177.5時間
30日の月	30日÷7日×40時間＝171.42	171.5時間
29日の月	29日÷7日×40時間＝165.71	166時間
28日の月	28日÷7日×40時間＝160	160時間
1月と8月	177.14時間−24時間＝153.1	153.5時間

※1月と8月は年始・夏季休暇の3日間（×8時間）を想定しています。

　もちろん、労働者にとってみれば、始業・終業の時刻がしっかりと決まっていたほうが予定も立てやすいです。そのため、このような方法を取る必要がなく、他の産業と同様に管理ができるのであれば、そちらのほうがよいでしょう。

　ただ、これまで歩んできた家族経営たる農業の事情から雇用が必須となった農業経営へ移行する過程として、このような制度は有効ではないかと思います。また、農業など1次産業は、自然的な条件を自分の中に落とし込んで判断しなければなりません。言い換えれば、自己の管理を作物に合わせるということです。これができないと、1次産業界での人材育成につながらないという事実もあります。

　また、このように月での所定労働時間を決める必要があるのは、給与形態が月給である場合の話です。給与形態が時給であれば、働いて

もらった時間を支払うので、その必要がありません。

(事例３) フレキシブル方式

　月ごとの所定労働時間をベース時間として定め、月給として基本部分を支払い、それを上回っている部分を時給として支払う管理手法です。先の労働時間積算方式と同様に、季節ごとの作業の繁閑があまりなく、労働時間をある程度労働者の裁量に任せる管理手法となります。仕事を労働者の裁量に任せたい、もしくは任せられるようになって欲しいなど、自ら時間管理ができることを目指す場合に適しています。

　ただし、実質働いた時間のうち、月給として最低限の賃金は保障したうえで、ベース時間を超えて業務を行った時間分は時給を支払うので、効率が悪い人ほど労働時間が増え、結果として賃金が多くなることがあり得ます。そこは、管理者がしっかりと労働時間管理をし、労働時間が長ければよいということではなく、こなした業務によって単価に差をつける等の必要があります。

　フレキシブル方式として、以下の条件で契約します。

第○条

　労働者自らが作物の状況を観察し、自らの業務に責任を持ってもらうため、また、より効率性を追求してもらうため、会社が設定した月の所定労働時間内での就労をベース時間とし、１か月を単位として、毎月１日から当月末日を１か月（暦月）とし、会社が設定する所定労働時間を①のように定める。なお、それを上回る時間についてはフレキシブル時間とし、ベース時間に上乗せして実労働時間とする。

　①　毎月のベース時間を150時間とする。

　②　①を超えた労働時間をフレキシブル時間とする。

　③　時季によって始業可能時間と終業限度時間を設定する。会社の安全管理上、時季ごとに始業および終業時刻を以下の時間とし、就業は以下の時間内、限度時間に限るものとする。

▷図表４－10　季節ごとの始業可能時間・終業限度時間等

	始業可能時間	終業限度時間	休憩時間	基本労働時間	限度時間
夏時間	5：00	21：00	60分	8時間	12時間
冬時間	7：00	20：00	60分	8時間	12時間

　　なお、夏時間、冬時間の切り替えについては、その年の気候など環境を踏まえて会社が決定する。休憩については、申告により管理し、状況により60分と制限しない。

④　各労働者の日々の労働時間の管理については、勤怠管理システムにより行うこととし、毎月１日から当月末日までの休憩時間を除く、総労働時間を賃金算定時間とする。

⑤　賃金算定期間は④によるが、管理者により毎月10日および20日に労働時間の仮計算を行い、業務に無駄があると認められる場合や体調管理などにより必要性があると判断した場合は、それ以降を適正な就業時間にするよう、管理者の監督下におき、フレキシブル時間を制限することがある。

⑥　時間単価については、月給を①のベース時間で除した単価とし、フレキシブル時間に乗じて当該時間分の賃金とする。

⑦　休日については、別に定めるが、基本的には週１回（日曜日を起算曜日として）の休日は確保するように、毎月カレンダーによって管理する。週１回の休日も労働した場合は、フレキシブル時間として④により管理する。

　農業や畜産業では、１年を通じて業務がありますが、時季が予測できない突発的な業務が起こることもよくあります。フレキシブル方式は、業務の進捗管理や業務手法を基本的には労働者の裁量に任せているため、柔軟な対応を可能にしつつ、労働時間もベース時間を基準にある程度は一定にすることができます。なお、ベースとなる所定労働時間は、例では150時間としていますが、100時間であっても160時間であっても構いません。設定は会社の判断です。

　ただし、最低限の月額賃金を保障しながら、それ以上の時間を働いた場合は時給で支払うので、長時間労働を助長する仕組みになるリスクがあることは否めません。これまで紹介した月ごとに所定労働時間を設定する方式は、設定した所定労働時間を超えた部分は時間外労働になるので同じともいえますが、会社側が業務に要する時間を想定している年間休日管理方式や労働時間積算方式（砂時計方式）に対して、フレキシブル方式は、その想定する労働時間も労働者の裁量に任せているところが大きく違います。

第2節

多用な働き方の提案

　農業においては、家族経営であったがゆえに労働時間に法的な規制がなく、農業者本人も労働時間についてほぼ意識をしていなかったことはわかっていただけたと思います。また、雇用就農が増えてきたとしても、労基法第41条該当として、法的な規制を受けません。さらに、現実に法定労働時間という定められた時間内で、農業という仕事が可能なのかすら、わからない状況です。

　ですので、著者は、まずその農園の所定労働時間をしっかりと設定し、どうしても法定労働時間を超えてしまうのであれば、そこから労働時間の短縮、いわゆる生産効率を上げる取組みをすべきだと考えます。

　そして、農業においては価格決定の仕組みが流通に委ねられており、市場での需要と供給によって価格を決定する商慣習が出来上がっています。そこに農業者の気持ちを上乗せすることができません。「気持ち」と書いてしまいましたが、簡単にいえば、自身で価格決定できない仕組みとなっており、所定労働時間での作業が販売価格に見合った価格なのかが検討されていないということです。そこに、根本的な課題があると考えています。

　家族経営であったからこそ、また適用除外になっているからこそ、農業における労働時間がこれから大事になってきます。

◆◆ 働き方改革と農業

　政府は、平成29年の働き方改革に関して、「少子高齢化に伴う生産年齢人口の低下」「育児や介護との両立など、働く方のニーズの多様化」

といった状況の中、投資やイノベーションによる生産性向上とともに、就業機会の拡大や意欲・能力を存分に発揮できる環境をつくることを課題としています。厚生労働省「働き方改革サイト」においても、「働く方の置かれた事情に応じて、多様な働き方を選択できる社会を実現することで、成長と分配の好循環を構築し、働く人一人ひとりがよりよい将来の展望を持てるようにすることを目指します。」としており、取組みが進められています。

農作業は基本的に1年に1度しか経験を積むことができませんから、経験を積んだ人が仕事と生活の両立が困難な状況になったとき、農業経営者は「辞めずにキャリアを活かしてほしい」と考えるものです。働き方の多様化に取り組むことで、育児や介護などの家庭の事情によって、正社員と同様の労働時間に従事することが難しいけれども、これまでのキャリアを活かしたうえで、正社員としての昇給や昇格も望むことができる、責任ある仕事を続けていきたいという人にも、働きやすい条件を提示することできます。

その一例として、仕事と生活のバランスが取れた状態「ワーク・ライフ・バランス」ではなく、「ワーク・ライフ・ブレンド」を著者は勧めています。ワーク・ライフ・ブレンドとは、仕事とプライベートを区別することなく、どちらも自分の人生の一部として捉え、「ブレンド」して人生を楽しむ働き方のことです。農業等は自然とともに仕事をします。労働者が休日であっても作物は成長しますし、家畜は生きています。となると、ワークとライフを切り離し、仕事の対象物を放り出す時間をつくるわけにはいきません。とはいえ、労働者にもライフがあるので、ワーク・ライフ・ブレンドという考え方を推奨しているのです。

ワーク・ライフ・ブレンド

　ワークとライフをブレンドした働き方をするとして、働く時間はどのように設定すればよいでしょうか。

　例えば、以下のように年間と月の所定労働時間を設定した農業経営体があったとします。

▷図表4−11　年間・月の所定労働時間

4月	5月	6月	7月	8月	9月	10月	11月	12月	1月	2月	3月	合計
208	210	210	200	180	200	219	180	190	170	160	190	2,288

　年間で2,288時間（月平均190.66時間）です。冬の時期には少し業務は減るようですが、年間を通じて業務があり、比較的忙しい農業経営体と見受けられます。正社員の所定労働時間は図表4−11のとおり規定されており、月給で賃金を支払っています。しかし、育児や介護があり、この労働時間は到底満たせないということであれば、図表4−12の労働時間を提案します。

▷図表4−12　短時間正社員の年間・月の所定労働時間

4月	5月	6月	7月	8月	9月	10月	11月	12月	1月	2月	3月	合計
156	157.5	157.5	150	135	150	142.5	135	142.5	127.5	120	142.5	1,716

　上の労働時間は、正社員の4分の3の労働時間になるよう調整したものです（2,288時間×3/4＝1,716時間）。4分の3と設定することで、社会保険への加入は継続されます。なお、令和6年10月以降、社会保険の適用が拡大され、被保険者数51人以上の企業等については、以下の条件で社会保険の加入対象となります。

〈出典〉　図表4−11：日本年金機構「短時間労働者に対する健康保険・厚生年金
　　　　　　　　　　　保険の適用拡大のご案内」
　　　　　図表4−12：同上

- 週の所定労働時間が20時間以上
- 所定内賃金が月額8.8万円以上
- 2か月を超える雇用の見込みがある
- 学生ではない

　正社員よりも就業時間が短い社員は、いわゆる「短時間正社員」といわれていますが、著者の顧問先では「フレキシブル社員」や「ワークウィズライフ社員」などとして、正社員とは別に社員区分を定義して、子育て世代の社員を中心に、働き方の選択肢として提案しています。このような働き方だと、月の所定労働時間は決まっているものの、正社員のようにしっかりと働く時間が定められているわけではなく、ライフの都合による出勤時間の調整が可能となります。さらに、キャリアはもちろん継続されるので、しっかりと責任を持って業務についてもらうことができます。

　労働時間を4分の3に設定したので、月給も正社員に適用している賃金表の4分の3、手当も4分の3、賞与も4分の3という具合で調整します。当然ですが、「同一労働同一賃金のガイドライン」（厚生労働省告示第430号）に沿った内容でなければなりません。

　ポイントは、月給で契約していることです。そのため、月の所定労働時間を超えた労働については、時間外労働として、月給を143時間（1,716時間÷12月）で除した単価で支払います。これを、労基法第41条に該当していない事業がやろうとすると、非常に手の込んだ計算になってしまいます。法定労働時間があるので、法定労働時間を超えた時間については、割増賃金の支払いが必要となるからです。農業では、それが不要なので、単純に超えた時間分を支払えばよいというわけです。もちろん、超えた分をすべて割増賃金扱いにすることは問題ありません。

第4章

農業と労働時間管理

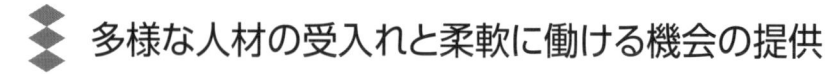

多様な人材の受入れと柔軟に働ける機会の提供

　多様な人材の中には、性別、年齢、国籍等の表層的な多様性だけではなく、個々が持つ経験やスキル、キャリアに対する考え方といった深層的な多様性も含まれます。農業では、性別、年齢、国籍など、多様な人材が実際に従事しています。

(1)　年　　齢

　年齢を例にとると、著者の顧問先である農業法人には、60代は当たり前、70代で現役のパック詰め職人がいます。また、苗をつくっている農業法人には、接ぎ木の名人とされる70代の女性が何名もいます。著者に「使用者の目の届く時間で仕事をしてください」と注意されながら、「いうこと聞かへんねん」と言って、日の出とともに農作業される70代後半の男性も、顧問先の農業法人で働いています。農業に携わる人はいたって元気です。令和5年農業動態調査によれば、基幹的農業従事者の平均年齢は68.7歳です。高齢化が進んでいるとみる人が多いかもしれませんが、元気な人が多いとみることもできます。農業にかかわる人のパワフルさが伝わる話として、著者が地元で野菜の集荷を行っているときに見かけた夫婦を紹介します。

　私は、ある生産者の小屋の前でキャベツの積込みを行っていました。すると、道路を挟んだ向かい側に、知り合いの生産者のおっちゃんが来て、おもむろに建物に梯子を立てかけ、登っていきます。その梯子も昔の木梯子です。「おっちゃん、大丈夫か？」という私の声も聞かず、2階の上にある、建物の屋根部分までスイスイと登っていきます。そして、上まで登ったと思ったら、雨どいを修理し始めました。そのおっちゃんは、当時80歳に手が届くぐらいの年齢でしたが、木梯子を登って、屋上の雨どいを自分で直してしまうのです。さらに、木梯子を下で支えていたのは、これも80歳近いおばちゃんです。2人ともバリバリの現役の農家さんで、農作

物を毎日市場に出荷されていました。

(2) 国　籍

　国籍に関しては、外国人技能実習生（令和6年8月時点の情報です）や特定技能の人も多く働いています。一緒に行う作業も多く、作物の成長を喜んだり、作業が終わった達成感を分かち合ったりといった、言葉以上のコミュニケーションが取れることも農業の大きな魅力かもしれません。

　実際に、1次産業の労働力として、外国人の受入れは進んでおり、拡大しています。また、技能実習生制度後の新制度（育成就労制度）に期待を寄せている農業経営者が多いのも事実です。

▷図表4-13　農業分野における外国人材の受入状況

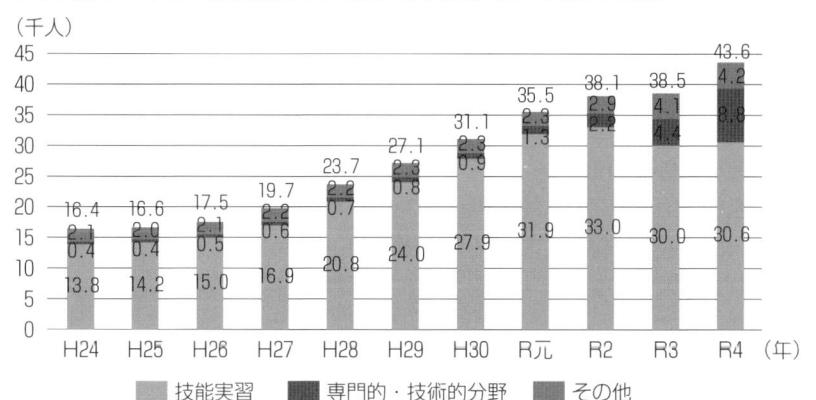

（千人）

凡例：技能実習　専門的・技術的分野　その他

資料：厚生労働省「「外国人雇用状況」の届出状況」を基に農林水産省作成
　注：1）　各年10月末時点の数値
　　　2）　「専門的・技術的分野」の令和元（2019）年以降の数値には、「特定技能在留外国人」の人数も含まれる。
　　　3）　「外国人雇用状況」の届出は、雇入れ・離職時に義務付けており、「技能実習」から「特定技能」へ移行する場合等、離職を伴わない場合は届出義務がないため、他の調査と一致した数値とはならない。

〈出典〉　図表4-13：「令和4年農業白書」

(3)　副業・兼業

　そして、柔軟に働く機会の受入れ体制として、極端に労働力が必要となる収穫時期に人手を確保するために、副業・兼業の受入れも活発に行われています。農業に向けた政策というわけではありませんが、土日が休みの会社員に、土日だけ農作業を手伝ってもらう（雇用する）といったことは現実に行われています。

▷図表4－14　副業・兼業の認可事例

（コラム）農業分野で地方公共団体職員の副業・兼業を認める動きが進展

　果実や野菜等の生産現場では、収穫期等において慢性的な労働力不足が課題となっています。こうした状況に対応するため、近年、農業分野における地方公共団体職員の副業・兼業を認める動きが見られます。

　青森県弘前市では、令和3（2021）年から、主要作物であるりんごの生産活動（摘果・着色管理・収穫等）に限り、同市職員の副業・兼業を認めています。

　また、山形県では、令和4（2022）年から、主要作物であるさくらんぼの収穫作業等について、収穫時期（6～7月）に限り同県職員の副業・兼業を認める「やまがたチェリサポ職員制度」の運用を開始しています。

　これらの地方公共団体では、副業・兼業を認めるに当たって、本来の職務遂行に支障を来さないよう、生産活動等に従事可能な時間の上限を設定することで、職員が生産活動等に参加する環境整備を図っています。

　職員の副業・兼業を認める制度を導入した地方公共団体においては、産地の短期労働力の確保に加え、生産活動等に従事することにより、職員の能力向上や行政サービスの品質向上等につながることも期待されています。

政府も、平成30年１月にモデル就業規則を改定し、「副業・兼業について」の規定を新設、会社も労働者も安心して副業・兼業を行うことができるルールの明確化を進めることで、後押しをしています。特に農業においては、「副業・兼業の促進に関するガイドライン」によれば、副業・兼業の時間は通算されない取扱いとされており（※１）、その面でも受け入れやすいと考えられます。ただし、労働時間が通算されないとはいえ、安全配慮義務には注意が必要です（※２）。

(4)　障がい者

また、その他にも「雇用」の事例は少ないかもしれませんが、農林水産省も「農福連携等推進ビジョン」を策定し、「農福連携」の取組方針と目指す方向を示しています。「農福連携」とは、障がい者等が農業分野で活躍することを通じ、自信や生きがいを持った社会参画を実現していく取組みのことです。一例として、福祉事業所と農業法人が業務委託契約を締結し、農作業の一部分を福祉事業所の利用者に行ってもらう取組みが増えています。中には、実際に障がい者を雇用する農業法人も出てきています。

第４章

農業と労働時間管理

〈出典〉　図表４−14：「令和４年農業白書」
〈参考〉　※１　厚生労働省「副業・兼業の促進に関するガイドライン」
　　　　　　　　「３　企業の対応　(2)　労働時間管理　ア」
　　　　　※２　同上「３　企業の対応　(1)　基本的な考え方　ア」

▷図表4-15　農福連携の事例

　これらのように、1次産業にあっては、その労働力確保の必要性からも多様な人材の受入れには寛容であり（実際には、寛容にならざるを得ない事情が存在しているのでしょうが）、受入態勢も構築しやすい状況にあるといえます。

〈出典〉　図表4-15：（一社）日本基金「ノウフク web」

第5章

農業の人事

第1節　採用と定着支援

農業における採用

　今の法律で解雇は非常に難しいので、やはり採用が大事になってきます。会社の経営理念に共感できない人や、欲しい人材以外を採用して、時間の経過とともに後悔しないためにも「採用」に力を入れましょう。

　採用には、以下の4つのステップがあります。

▷図表5－1　採用の4つのステップ

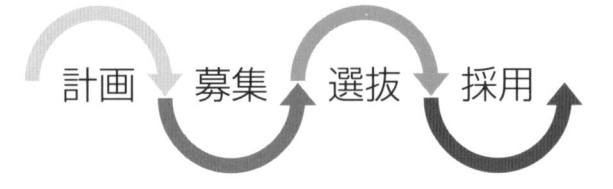

計画　募集　選抜　採用

　まずは、何のために人を雇うのか、どのような人を雇うのかを考え、「計画」を立てます。次に「募集」です。求職者に選んでもらえるような会社づくりや情報発信が必要です。そこから、「選抜」となります。募集で数名しか集まらなければ、選抜も何もありません。どのような人を選ぶのか基準を明確にし、面接を行うことが必要です。選抜を経て、ようやく「採用」となり、整備した労働環境の中で働いてもらうことになります。

　以下、ステップの順に「農業においては」という視点で話を進めます。

(1) 計　　画

計画では、以下のようなことを考えなければなりません。

- 配置の見直し
- 採用人数
- 雇用形態
- 作業内容

▷図表５−２　採用計画についての話し合い

やみくもに、人がいないからという理由で雇用を進めるべきではありません。どこに、どのような人材が、どれくらい必要なのかを、計画の段階で考えておく必要があります。まずは今の人員でできないのかを再度検討し、できないのであれば、何ができないのかを洗い出します。そのうえでようやく「新しく雇用する」ことになります。

農業は、季節によって作業が違います。また、作業の一部分を任せるのか、将来を見据えて作業全体を覚えてもらうのかによっても、雇用形態が違ってきます。まずは、作業を洗い出し、どこに労働力が足りないのか、今後の事業の展開を考えての雇用なのかなど、計画を立てることが必要です。

雇用を始めると労務費が必要となります。労務費の中身は、ほぼ賃金です。賃金は、労働時間×単価で計算されます。つまり、労働

第5章

農業の人事

時間を管理することで、労務費の予算が立つのです。

例えば、以下のような経営状況である農園があったとします。

▷図表５－３　内訳の例

（単位：万円）

売上 5,000	製造原価 3,000	減価償却・物財費 1,250	
		労務費 1,750	
	粗利 2,000	固定費 1,750	販売費 750
			管理費 1,000
		利益 250	税金等

〈夫　婦〉2名
　　　　　報酬　月50万円
〈正社員〉2名
　　　　　賃金　月25万円×1名
　　　　　　　　月20万円×1名
〈パート〉複数名
　　　　　時給？円

労務費が年間1,750万円の場合、正社員の労務費は次のように見込むことができます（法定福利費などは考慮していません）。

〈夫　婦〉　50万円×12か月＝600万円
〈正社員〉　25万円×12か月＝300万円
　　　　　　20万円×12か月＝240万円
合計　1年間1,140万円　※残業はないものとして試算しています。

つまり、正社員に所定労働時間を超えた労働がなければ、1,750万円から1,140万円を引いた610万円は、パートの労務費として使えることになります。時給を1,100円とすれば、年間5,545時間分、月平均で462時間のパートが確保できます。もちろん、農業は月によっ

て繁閑があるので、5,545時間をどのように振り分けるのかは計画の中で決定していきます。

　労働時間を管理することで、労務費も管理することができます。ポイントは、正社員の所定労働時間を実態に合ったものにし、所定労働時間を超える労働を前提にしなくても、業務が回るように管理することです。さらに、このように予算が組めれば、パートを計画的に雇用することも可能です。

(2)　募　　集

　募集に関して、農業の場合は「打ち上げ花火と同じ」と説明しています。農業はこれまで地域に留まった産業として、地域内で継続してきました。しかし、今は違います。地元のJAや市場に出荷する地域産業としてだけでなく、直接消費者に商品を届けることも可能となりました。それも日本国内に留まらず、世界にも目を向けることができます。これからの農業は、単に食糧を提供している産業ではなく、「植物の可能性」を引き出し、新しい可能性とビジネスチャンスをもたらしてくれる産業にまで拡がっているのです。

　そうなると、広く優秀な人材を募る必要があります。多くの人に知ってもらうには、できるだけ「高く」、できるだけ「派手に」、できるだけ「大きな音」で、情報を発信すると効果的です。そういう意味で、人々の注目を集める「打ち上げ花火」のように募集すべきとなるのです。「こんなところで、こんなことをやっている！」とたくさんの人に知ってもらい、注目してもらうためには、新しい取組み、共感を生む経営理念、魅力的な職場、働きやすい環境など、訴えることがたくさんあります。

　また大きな繁閑期のある農業では、「まとまった時期に働いて、長く休む」という働き方も可能です。さらに、作業が季節によって違う点も、多くのことを学ばないといけない反面、いろいろな作業に分業できるというメリットでもあります。部分的に仕事を任せる働き方（パート）にも適しています。

第5章

農業の人事

　募集は、求職者が会社を選ぶことです。求職者に選んでもらえるような取組みを実践することが必要となります。

(3)　選　　抜

　たくさんの求職者に来てもらえないと選抜はできませんが、選抜には、どのような人材が必要か、どのような人材が適しているか、見極める仕掛けを自分なりにつくっておくことが大事です。

　また、面接時に聞いてはいけない項目もあるので、注意が必要です。

▷図表5－4　面接時に聞いてはいけない項目

本人に責任のないこと	本来自由であるべきこと
・本籍・出生地 ・家族に関すること ・住宅状況 ・生活環境、家庭環境	・宗教 ・支持政党 ・人生観、生活信条 ・思想 ・購読新聞、愛読書

　次の例は、著者が面接をする社長にアドバイスしている項目です。参考にしてください。

> ・**最初に就職した会社に着眼する**
> 　最初に就職した会社は、求職者が興味のある業種を選ぶことが多いです。同じ業界で転職を繰り返しているなら、転職を繰り返す理由を聞きましょう。反対に、違う業界間で転職しているならば、なぜその業界を選んだのかを深掘りします。
> ・**退職理由は必ず確認する**
> 　転職を繰り返している場合などは特に、退職理由をしっかりと聞き取りましょう。同じ事情がある可能性もあります。

- 面接シートを作成する

  面接するたびに質問が違っていたら、求職者を比較することができません。同じ質問をして、誰がどのように答えたか、記録しましょう。

- 仕掛けをつくる

  スーツで待っている、熱すぎるお茶を出す、面接を中座するなど、求職者にとって予想外のことを起こし、対応を見ます。

　著者は「仕掛け」をつくることをお勧めしています。農業の面接では、ラフな格好で来る求職者がよくいます。もちろん、ラフな格好でも構わないという社長もいますが、社長がスーツで待っていたときに、「このような格好で失礼しました」と言ったり、あらかじめ電話などで、どのような格好で伺うべきかを聞いたりできる求職者などは、ポイントが高いのではないでしょうか。また、お茶を出した後の反応など、面接するときに観察するポイントはたくさんあります。意図した仕掛けでないと面接官側が見落とすこともあるので、観察するための仕掛けが必要です。

　どんなに優秀な人でも、5教科中全教科で100点満点という人は少ないでしょう。文系が得意な人もいれば、理系が得意な人もいます。身体を動かすことは苦手でも、コミュニケーション能力は高い人もいます。全科目100点の人を探すよりも、どこに着眼して選抜するのか、あらかじめ決めておくと後悔のない採用ができます。例えば、「先日雇った労働者、声が小さくて、挨拶もろくにしない」といった小言をよく聞きますが、もし声の小さい人を雇いたくないのであれば、面接の時点で判断できるよう、仕掛けをつくればよいのです。

(4) 採　用

　採用となったら、ルールをしっかり決め、労働条件通知書や契約書、就業規則として明文化しましょう。労働者にそれらを交付・周

知し、労働条件と職場のルールについてお互いの認識に相違がないように説明したうえで、働いてもらうことになります。

- 試用期間の有無、その長さや本採用にあたっての手続き
- 有期契約とする場合の契約更新の判断基準
- オリエンテーションを含む入社時研修の実施
  （内容を定型化しておくと便利）

 ## 農業における定着支援

ようやく採用した人材に、定着してもらえなければ意味がありません。農業は、基本的に1年に1度しか同じ作業ができないので、経験を積ませるには、長く働いてもらうための取組みが必要です。そのために、当然に整えるべき環境が2つあります（▷図表5−5）。

▷図表5−5 整えるべき労働環境

労働するための条件 （会社が決めるもの）	加入すべき公的保険 （国のセーフティーネット）
• 働く時間・休日・休憩 • 賃金 • 教育研修 • 会社がつくる条件 　（最低限度の縛りあり）	• 社会保険 • 労働保険 • 国が制度として国民に提供している 　仕組み（ただし、実際に取り組むの 　は会社）

1つ目の労働するための条件（いわゆる「労働条件」）は、法律により最低限度の基準こそ決められていますが、会社によって基準ギリギリだったり、超える部分があったりなど様々です。また、会社が決めた基準が、当然に実際に会社のルールとして浸透していなければなりません。

もう1つは、社会保険や労働保険などの公的保険への加入です。それぞれの加入条件には触れませんが、今の法律は、農林水産業を行う

すべての事業所に加入を義務付けているわけではありません。現に、労働者数5人未満の個人経営である農林水産の事業（労災保険については、業務災害の発生のおそれが多いものとして厚生労働大臣が定めるものを除く）は、労働保険の暫定任意適用事業として、加入は義務付けられていません。

　もちろん、義務付けられている事業所において、加入は必須です。公的保険は国が国民のためのセーフティーネットとして用意しているものなので、経営者の判断で加入しないという選択肢はあり得ません。強制適用事業所なのに加入していないとなると、それは法違反です。労働者からは「どうして加入していないのか」と疑問視されることになります。

　農業においては農作業中の事故もあり、暫定任意適用事業所であったとしても、労災保険には加入すべきと考えます。仕事中のケガが補償されない事業所で、誰が安心して働けるでしょうか。これらの主要な2つの労働環境を整えることは、労務管理の根本だと考えています。

　労働力不足の現状から、会社内において労働者が最大限の力を発揮するような、より効果的な活用を目指す動きが盛んです。その手法として、人事評価や人材育成などを規則として定め、労働者の処遇を決定する「人事管理制度」であったり、会社内の人材を経営資源として活用するため、労働者の育成、能力開発を戦略として積極的に行う「人材マネジメント」といった言葉をよく聞きます。

　ただ、考えてみてください。労務管理は、労働者と雇用者の関係を築く基礎部分です。土台があってこそ、「人事管理制度」や「人材マネジメント」を積み重ねることができます。仮に土台がない、もしくはあっても豆腐のようにフニャフニャだったらどうでしょうか。社長が、大きな経営理念の旗をてっぺんで振って、「一緒に行こう！上まで来い！」と声をかけていたとして、豆腐のような労務管理の上に立っている労働者は、足元がふらついたり、穴だらけだったりで、顔を上げることはできません。土台が強く固まっていないと、上を向くこと

なんてできないのです。

▷図表5-6　労務管理は礎

　安心して働ける、安全な環境で労働に従事できる、このような環境を整えることがまずは第一です。それが、所定労働時間を定める、超えた部分は残業代として支払う、万が一、ケガした場合は労災保険を適用するといった「労務管理をしっかりとやる」ことです。そこには「農業だから（できない）」という言い訳は通じません。もちろん、法律的に除外されている部分は、やらなくても法違反ではありませんが、だからといって労働条件が不明確のままということはあってはなりません。

　人材マネジメントという言葉をよく耳にします。マネジメントは、英語で「management」、その語源はイタリア語の「maneggiare（マネジャーレ）」といい、「操る」「手で扱う」を意味しますが、「馬を飼いならす」ことからきているそうです。つまり、マネジメントの語源は「馬を馴らす」ことなのです。例えば、まったく知らない人間が馬に跨ったとして、その馬は言うことを聞いてくれるでしょうか。目的地まで連れて行ってもらうためには、まず、その馬と信頼関係を結ぶ必要があります。安心して乗せてもらうために、自分自身が馬にとっ

て悪い者ではない、信用できる者であることを理解してもらう必要があるのです。そのために、撫でる、話しかけるといったコミュニケーションをとり、お互いに信頼関係が生まれたとき、初めて「マネジャーレ」できるというわけです。

これは、人材マネジメントでも同じです。まずは労働者との信頼関係が求められるので、安心・安全な環境で労働に従事することができるように「労務管理をしっかりとやる」ことが必要なのです。

ただ、労務管理をしっかりやることを意識して整えても、労働者のやる気が向上するわけでも、感謝されるわけでもありません。なぜなら、労働者にとってみれば、権利として保障されているものでもあるからです。労務管理の徹底を指導する社労士としては、非常に口惜しいところですが、このような認識をもったうえで、労務管理という土台がない(安心して働けない、安全な職場環境とはいえない)と人が定着するはずがなく、ゆえに労務管理の徹底が必要なのだと伝えていきましょう。雇用や労務管理に必ずしも慣れているとはいえない農業者には、支援の中で理解してもらわなければならない点だと考えています。

安全衛生と教育研修

(1) 農業こそ安全衛生と安全衛生教育が必要な理由

著者が農業者向けの研修において、労働時間以外に力を入れて話をしていることが「安全衛生」への取組みです。

図表5-7を見てください。これは、厚生労働省の「業種別労働災害発生状況」から死亡者数の推移を、農林水産省の「農作業死亡事故の発生状況」から死亡者数のみを取り上げたグラフです。特筆すべきは2点あります。

▷図表5－7　死亡労働災害の推移

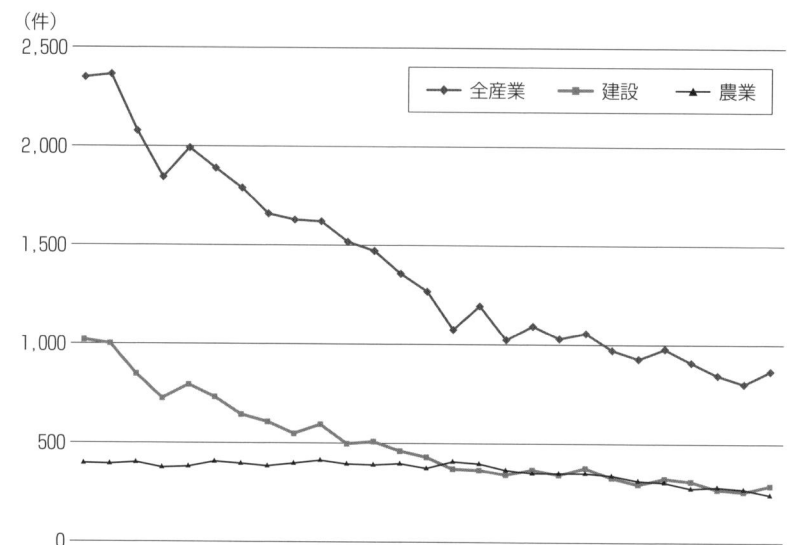

①　死亡者数の多さ

　まずは、農業者の死亡者数の推移に関してです。農業では、平成7年に397名だったのが令和3年には242名と、150人程少なくなっていますが、建設業や全産業と比較したときの減少の程度でいえば、ほぼ横ばいです。不慮の事故は絶対になくならないとしても、10万人当たりの死亡事故者数の推移が異常に多いことがわかります（▷図表5－8）。

　問題は、このような産業である農業に、人を迎え入れて、雇用を始めるにあたっての受入れ側の準備ができているのか、ということです。これまで、家族経営が中心であった1次産業は、労働者に機械の使い方や農薬知識、家畜への接し方などを含めた、体系的な研修に取り組んだことはありませんでした。というのも、家族経営では、生活の一部として農業が存在したからです。

　近年、家族経営に変わり、雇用を伴う農業経営が増加しており、

▷図表5−8　就業者10万人当たり死亡事故者数の推移

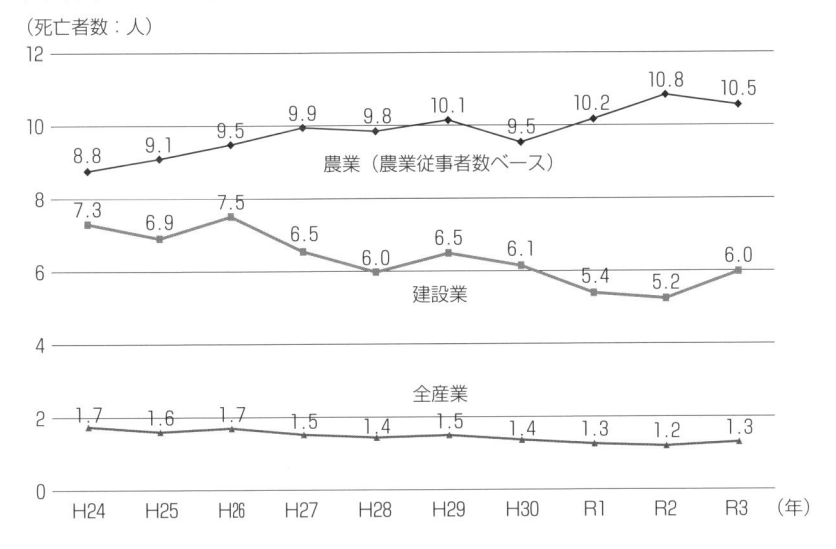

（死亡者数：人）

農業（農業従事者数ベース）
8.8　9.1　9.5　9.9　9.8　10.1　9.5　10.2　10.8　10.5

建設業
7.3　6.9　7.5　6.5　6.0　6.5　6.1　5.4　5.2　6.0

全産業
1.7　1.6　1.7　1.5　1.4　1.5　1.4　1.3　1.2　1.3

H24　H25　H26　H27　H28　H29　H30　R1　R2　R3　（年）

まったく農業に触れたことがない労働者も受け入れています。今後は、ますます自動化も含めた機械化も進むでしょう。

　そこで農業経営体が安全研修に取り組むことは必須です。安全に働ける環境を整えることは、1次産業にかかわるすべての人の課題になります。

② 事故への対策が不十分

　もう1点は、国が農業における事故の対策に取り組めなかったことです。その理由として、厚生労働省の「業種別労働災害発生状況」の全産業の中に農業は含まれていない実態があります。そもそも、労働災害の統計に、農業はほぼ含まれていません。理由

〈出典〉　図表5−7：厚生労働省「業種別労働災害発生状況」、農林水産省「農作業死亡事故の発生状況」より作成
　　　　　図表5−8：農林水産省「農作業死亡事故調査」、厚生労働省「死亡災害報告」、農林水産省「就業者　農業センサス、農業構造動態調査」、総務省「労働力調査」

第5章　農業の人事

は、農業がこれまで家族経営を前提として成り立ってきたからに他なりません。繰り返しになりますが、農業で雇用が当たり前になってきたのは最近の話で、それまで農業では、家族以外の労働者はいなかったのです。

厚生労働省の統計は、「労働者死傷病報告書」をもとに作成されています。労働者死傷病報告書とは、労働安全衛生法に基づいて、事業所で労働者が仕事中や事業場内でケガや病気などをして、死亡または休業（4日以上）となった場合に労働基準監督署に提出する報告書です。農業にも、労基法でいう労働者がいれば、届出義務はあります。しかし、従来の農業は家族経営であったことから、農作業中の事故で負傷しても、届け出ることは稀でした。労働者と違い、家族の誰かが農作業中の事故によって病院に行ったとしても、国民健康保険を使うからです。万が一、命を落とすこととなったとしても、役場には届け出ますが、労働基準監督署には届け出ません。

つまり、厚生労働省は農作業中の事故に関する報告を受けておらず、情報を持っていないのです。状況がわからないので、法律による規制が厳しくならないのも当然です。

農作業中の事故に関しては、平成29年1月4日付「28生産第1512号農林水産省生産局長通知」により、ようやく事故の都道府県単位での情報収集がされることとなり、令和2年5月19日付に「2生産第302号農林水産省生産局長通知」の通知により、情報収集がより強化され、今では毎月全国で発生した事故情報が公表されています。とはいえ、あくまでも使用者も含めた農作業者を対象に情報の提供を求めたもので、使用者が責任を持って労働者を管理する、研修をするといった、安衛法に則ったものにはなっていません。

厚生労働省は、令和6年2月13日、農業機械の安全対策に関する第1回の検討会を開催しました。その要綱には、開催の趣旨として以下のように述べられています。

農業機械の安全対策に関する検討会開催要綱

　農業における労働災害は増加傾向にあり、令和４年の休業４日以上の死傷災害は1,461人となっている。また、死亡災害については、近年、10人程度〜20人程度で推移しているものの、労働者10万人あたりの死亡者数は全産業計の２倍を上回っている。

　死亡災害の内訳を見ると、**労働安全衛生法令において規制されていない自走可能な農業機械（以下「車両系農業機械」という。）による災害も毎年発生している**状況にある。

　また、農業においては、農業経営体数は年々減少しているものの法人経営体数は着実に増加しており、農業労働者は増加傾向にある。

　さらに、農林水産省が開催している「農作業安全検討会」（令和３年２月25日〜）の「農作業安全対策の強化に向けて中間とりまとめ」（令和３年５月）では、車両系農業機械や農業機械作業の安全性の確保が指摘されている。

　このようなことから、農業における労働災害の減少を図るため、標記検討会を開催し、**車両系農業機械に係る安全対策等について検討を行う**こととする。

※太字は筆者による

　また、検討事項として、「車両系農業機械の規制の必要性」と「車両系農業機械の具体的な安全対策」が今後議論されます。そのようなことから、車両系農業機械について、将来的に何らかの規制がされ、農業経営者にその安全対策をとることが義務付けられることが予想されます。国として、農業に従事する労働者を守るための法整備が必要だと考えていることが伺えます。

　義務となれば、もちろん取り組まざるを得なくなりますが、農業者が自ら意識を変えることが必要だと考えます。例えば、建設機械を扱うためには相応の検定があり、講習を受ける必要がある

のに対し、農業機械はどうでしょうか。トラクターは小型特殊自動車に当たり、公道を走るためには免許が必要ですが、自分の農場内であれば不要です。これほど農作業事故が多いにもかかわらず、機械そのものを扱う免許は不要となっており、規制の強化も検討されていませんでした。また、ヘルメットをかぶってトラクターに乗っている農業者を見たことがありません。農作業事故の背景には、その辺りの意識の問題もあるでしょう。強制されるよりも前に、自ら取り組むべきなのです。

　このような状況の中で、雇用就農を増やし、大規模化を推進し、農業未経験者をどんどんと農業界に入れようとしていることを危惧しているのです。

　労働安全衛生規則第35条では、以下のように定められています。

（雇入れ時の教育）

第35条　事業者は、労働者を雇い入れ、又は労働者の作業内容を変更したときは、当該労働者に対して、遅滞なく、次の事項のうち当該労働者が従事する業務に関する安全又は衛生のため必要な事項について、教育を行わなければならない。ただし、令第2条第3号に掲げる業種の事業場の労働者については、第1号から第4号までの事項についての教育を省略することができる。

　① 機械等、原材料等の危険性又は有害性及びこれらの取扱い方法に関すること。

　② 安全装置、有害物抑制装置又は保護具の性能及びこれらの取扱い方法に関すること。

　③ 作業手順に関すること。

　④ 作業開始時の点検に関すること。

　⑤ 当該業務に関して発生するおそれのある疾病の原因及び予防に関すること。

---

⑥　整理、整頓及び清潔の保持に関すること。

⑦　事故時等における応急措置及び退避に関すること。

⑧　前各号に掲げるもののほか、当該業務に関する安全又は衛生のために必要な事項。

（以下、略）

※太字、取消し線は著者による

　安衛法に則って、雇入れ時の安全衛生教育を実践している農業経営体はどれほどあるでしょうか。従来、農業は第１号から第４号まで（上記太字の部分）の教育を省略することができる業種に含まれていました。それが、令和４年厚生労働省令第91号により、上記規則の取消し線の部分を削除する改正が行われ、施行となりました。つまり、最近になって、ようやく雇入れ時の教育が全事項義務化されたということです。

　これにより、義務として雇入れ教育に取り組むことになるでしょうが、形骸化させてはなりません。やはり、農業者が必要性を感じ、自ら取り組むことが大事だと考えます。

　同様に、常時労働者数５人未満の個人事業の事業所では、労災保険が暫定任意適用事業になっている点も、改正が必要なのではないかと考えています。ただ、義務になる前だからこそ、必要性を理解して自らが加入することで、労働者の気持ちを掴むことができるでしょう。

(2)　就業規則への記載

　(1)の事情から、就業規則には安全衛生にかかる項目、研修・教育にかかる項目について、しっかり記載をするべきです。

①　遵守事項

　就業規則には、会社として労働者の安全衛生の確保と改善を図って、快適な職場を形成することを宣言しましょう。次に、労

働者も法令遵守および会社（上司）の指示に従い、会社と協力して労働災害の防止に努めるよう記載します。そのうえで、労働者が行わなければならない遵守事項を示します。

就業規則作成の際には、ぜひ「農作業安全のための指針（一部改正。平成30年1月19日　29生産第1690号農林水産省生産局長通知)」を活用してください。また、農林水産省では、令和3年2月「農林水産業・食品産業の産業安全のための規範（共通規範）」を策定し、各業種の現場で取組みを進めるための「個別規範」も示しています。以下に、厚生労働省が示している「モデル就業規則（令和5年7月改定版）」を参考に作成した具体例を示します。

（遵守事項）

第●条　会社は、労働者の安全衛生の確保及び改善を図り、快適な職場の形成のために必要な措置を講ずる。

2　労働者は、安全衛生に関する法令及び会社の指示を守り、会社と協力して労働災害の防止に努めなければならない。

3　労働者は安全衛生の確保のため、別添している「農作業安全のための指針（農水省平成30年1月19日29生産第1690号農林水産省生産局長通知)」（以下、「指針」という。）を踏まえ、下記の事項を遵守しなければならない。

①　就業にあたっては、その日の体調、日々の健康管理などを怠ることなく、指針Ⅰ-第1-2（農作業を行う際の配慮事項）を遵守し、取り組むこと。

②　機械・器具を使用しての作業を行う場合、作業前点検を行うこと、並びに指針Ⅰ-第4-2（機械の利用）並びに指針Ⅱ（機械グループ別事項）に記載のあるグループ別事項を遵守の下、行うこと。また、作業後についても、次に使用することを考えて、整備や洗浄などを怠ることがないこと。

③　安全で快適な作業環境を整えるため、服装や保護具の着用、

作業環境への対応は、指針Ⅰ－第3（安全で快適な作業環境に関する事項）を参考に取り組むこと。

④　燃料や農薬など劇物、危険物などの保管、適正使用に関して、指針Ⅰ－第5（燃料、農薬等の管理に関する事項）に記載があるとおり、保管場所、管理を徹底し、使用する際には指針に従い適正に使用すること。

⑤　20歳未満の者は、喫煙可能な場所には立ち入らないこと。

⑥　受動喫煙を望まない者を喫煙可能な場所に連れて行かないこと。

⑦　立入禁止又は通行禁止区域には立ち入らないこと。

⑧　常に整理整頓に努め、事務所内及び作業場内においては、通路、避難口又は消火設備のある所に物品を置かないこと。

⑨　火災等非常災害の発生を発見したときは、直ちに臨機の措置をとり、上司に報告し、その指示に従うこと。

⑩　その他、労働者の安全衛生に関する取り決めを行った事項

第5章

農業の人事

　GAP（Good Agricultural Practices：農業生産工程管理)[1]の認証を受けている事業場では、定められた管理点を遵守し、リスクに備えることも大切です。現場で起こったヒヤリ・ハットは、労働者全員で共有しましょう。また、毎朝のミーティングなどで、お互いの体調を確認したり、天候による圃場の状況などの情報を共有したりすることで、全員が危険に気を配ることができます。

　さらに、常時使用する労働者数が50名以上の事業所であれば、衛生管理者を選任する必要があり（安衛法第10条等）、10人以上50人未満であれば、衛生推進者を選任することが義務となっています。役割を与えられた労働者を中心に取り組むべき課題、リスク

〈解説〉1　GAPは、食品安全・環境保全・労働安全等の持続可能性を確保しながら農産物の生産を行うための取組みです。農業生産者が適正に行っていることを示す認証であり、第三者機関が審査して付与します。（一般財団法人　日本品質保証機構JQAサイトより）

の洗い出し、遵守事項などを定期的に話し合う場も作りましょう。

② 農作業事故を防ぐために

災害の発生は、「不安全・不衛生な状態」に「不安全・不衛生な行動」が重なることで起こるとされています（図表5－9）。安全管理がうまく働けば、どちらかの状態を正すことで、災害発生を防ぐことができるのでしょうが、安全管理が機能しないと2つが重なる可能性が高くなります。つまり、事故が起こりやすくなります。さらに、農業の現場は「不安全・不衛生な状態」が、通常の産業よりも多いと想像できます。選果場などの作業現場はともかく、圃場について常に4S（整理・整頓・清掃・清潔）が実践できる農業現場はまだまだ少ない状況でしょう。雨が降ると視界が悪く、滑りやすくなり、土の上での作業は足元が悪く、水も

▷図表5－9　業務上災害の要因

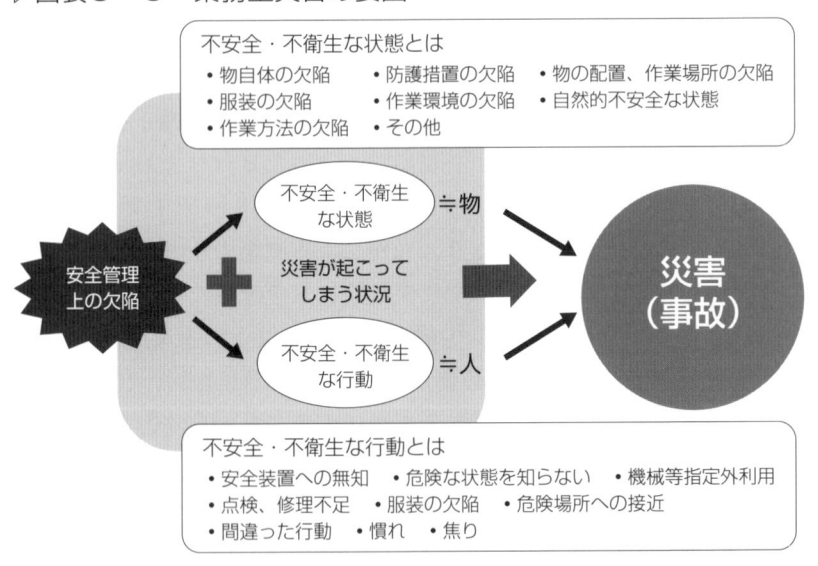

〈参考〉　図表5－9：三廻部眞己『農作業事故の防ぎ方と労災補償』（家の光協会、2010年）

▷図表5－10　平成28年不安全な行動の内訳別死傷者数
（休業４日以上／製造業）

不安全な行動の内訳	死傷者数 (%)
合計	27,884
	(100)
防護・安全装置を無効にする	236
	(0.8)
安全措置の不履行	676
	(2.4)
不安全な放置	1,140
	(4.1)
危険な状態を作る	1,004
	(3.6)
機械、装置等の指定外の使用	332
	(1.2)
運転中の機械、装置等の掃除、注油、修理、点検等	2,632
	(9.4)
保護具、服装の欠陥	412
	(1.5)
その他の危険場所への接近	4,932
	(17.7)
その他の不安全な行為	5,340
	(19.2)
運転の失敗（乗物）	368
	(1.3)
誤った動作	8,252
	(29.6)
その他	1,740
	(6.2)
不安全な行動のないもの及び分類不能	820
	(2.9)

約97%

〈出典〉　図表５－10：厚生労働省「職場のあんぜんサイト」

第5章

農業の人事

　たまりやすいといったことは当然のことです。そのように考えると、災害が起こりやすい状態（不安全・不衛生な状態）が非常に多いと言わざるを得ません。

　また、平成28年のデータですが、不安全な行動の内訳別死傷者数（製造業）をみると、約97％は「不安全な行動」が死傷事故を発生させるとされています（図表5-10）。つまり、農業現場では、「不安全・不衛生な状態」が多い中で、今より増して、労働者に「不安全・不衛生な行動」をしないように意識付け、習慣付けする必要があります。取り組むためには、定期的な安全研修はもちろん、作業前のミーティングや「ヒヤリ・ハット」の情報共有などが必要です。さらに、管理者である経営者や作業リーダーが、常に安全管理に気を配った取組みを習慣化させることが大事であると考えます。

③　健康診断

　会社は、一般健康診断を1年に1回定期的に実施しなければなりません（安衛法第66条第1項）。これらの健康診断については、法で会社に実施を課しているものであり、その費用は当然に会社が負担するとされています。

　また、正社員はもちろんのこと、フルタイムで働くパートタイマーや勤務時間の短い人であっても、1年以上勤務しており、1週間の所定労働時間が通常の労働者の所定労働時間数の4分の3以上の人については実施が必要となります。なお、所定労働時間が2分の1以上4分の3未満の人については、法令上の実施義務はありませんが、実施が望ましいとされています（平成5年12月1日基発663号）。

　健康診断の結果、異常の所見がある労働者については、医師等からの意見聴取を行い、その意見を踏まえて作業の転換、労働時間の短縮、深夜業の回数の減少等の措置が必要となります（安衛法第66条の4、第66条の5）。また、健康診断の結果については、受

診した労働者に通知することが義務付けられています（安衛法第66条の6）。

　屋外作業や自走する農業機械の運転や操作、また炎天下や降雨、場合によっては雪中のような自然的な条件下での労働が基本となる農業だからこそ、労働者の体調管理には気を遣う必要があります。健康診断の受診とアフターケアは就業規則で取り決め、必ず実行しましょう。

④　安全衛生などの教育研修

　安全衛生教育については、労働安全衛生法規則が改正され、同法規則第35条に記載される項目のすべてを雇入れ時の教育として行わなければならなくなりました。先に規定した「遵守事項」は当然のことながら、「農作業安全のための指針」を参考に、広く教育を行うべきだと考えます（▷P.152）。

　さらに、配置換えや作業内容を変更したとき、職長となったときなど、要所、要所で指針を見直し、常に労働者に意識をさせることが大切です。

⑤　その他

　モデル就業規則では、その他に「長時間労働者に対する面接指導」「ストレスチェック」「労働者の心身の状態に関する情報の適正な取扱い」「災害補償」について、条文を設けています。これらは必須ではありませんが（「ストレスチェック」は、一定規模の事業場において必須）、農業は法定労働時間の規定がなく、長時間労働になりがちなことから、必要な項目として記載があってもよいでしょう。

(3)　教育訓練

　ここでいう教育訓練は、先の雇入れ時の教育ではなく、あくまでも職業訓練という意味での教育訓練です。

第5章

農業の人事

　農業は、雇用を開始してから、仕事を覚えてもらい、一人で仕事ができるようになってもらうまでの期間が長ければ長いほど、雇い主が時間を取られてしまいます（▷P.25〜26）。また、経験を積んで作業を学んでもらうことが前提となりますが、その経験が1年に1度しかできず、その1度の経験も、来年の同時期には状況（降雨量や気温、台風の影響など）が変わる可能性があることを念頭に置いて、教育訓練の体系を組まなければなりません。

　さらに、これからの農業は、農作業の研修だけではなく、企業活動に必要な知識の習得、組織としての管理職研修、マネジメントの研修なども含めて、広く人材開発、人材育成として体系付けをしなくてはなりません。人材育成を体系付けるとなると、職務体系の明確化、キャリアマップの作成などが必要になりますが、ここでは、あくまでも簡易的な教育体系の一例をお示しします。

▷図表5−11　教育体系

	全社員対象	階層別教育	部門別教育	安全衛生教育	自己啓発
管理職（リーダー）	経営理念浸透／業界研究の研修	マネジメント研修／管理職研修	社会人研修 作業技術研修	安全衛生教育	社外講習／自主勉強会
作業員		新人研修			

① 作業技術研修

　雇用者数がまだ少なく、現場での作業がほとんどであれば、真っ

先に取り組むべき研修は、作業技術研修です。作業技術研修とは、農作業・栽培の「いろは」を学ぶ研修となります。農機具の使い方、肥料の設計、農薬の知識など、あらゆる農作業を経験しながら学んでいきます。その研修方法として欠かせないものが「PDCAサイクル」です。

　例えば、第2章でも少し触れましたが、果樹栽培には剪定という作業が必要です。果樹によって行うタイミングは異なりますが、基本的には休眠中もしくは木が成長する前のタイミングで行うことが通常です。つまり、収穫する時期の半年以上前に行うことになります。果樹農家では、1本、2本と数えられる程度の果樹を有するケースは珍しく、場合によっては数ヘクタール分の木を剪定しなければなりません。当然、作業を初めて行う新人にも剪定作業を行ってもらいます。

　作業を始める前に、まず基本的なレクチャーを受けます。これが「P（計画・予習）」です。そして「D（実行・本番）」を行うことになるのですが、剪定後の実の付き方、収穫量の結果として「C（評価・チェック）」をできる時期が収穫時期になるわけです。もちろん、花の咲き方、新芽の付き方で判断できることもあるでしょうが、「D」の結果として「C」できるのは、だいたい数か月先です。その結果を見て、「A（改善）」するという流れになります。「D」と「C」の期間が長すぎるため、新人の切った樹がどの樹で、どのような結果になったかを紐付けておくこと、さらに剪定という作業にかかる前に、昨年の「A（改善）」を「P（予習）」として知っておき、「D（実行）」に活かすことも大事になります。

　これは、剪定作業だけでなく、ハウス栽培における潅水作業、露地栽培における防除[2]のタイミングなど、あらゆる農作業において

〈解説〉2　「防除」作業とは、生物による農作物の被害を防ぐための作業をいい、農業においては、その多くは「農薬散布作業」を意味します。農薬散布作業といっても、ドローンを使った散布や噴霧器を背負って圃場を歩きながらという散布方法もあり、様々です。

PDCAサイクルを回すことが必要となります。それには、普段からのOJTはもちろんですが、OFF-JTによって理論付け、机上で考えてもらうなど、作業を覚えてもらうため、あらゆる角度から会社としての研修体制を作り上げることが大事です。ある農業法人では「バディー制度」として、新人社員には先輩社員がマンツーマンで指導にあたる仕組みを導入しているところもあります。また、日報を活用し、毎日の作業の振り返りに利用しているところもあります。農業は匠の世界ではありますが、これからの農業はいかに効率的に教育を行い、年数をかけずに基本的な作業、さらに農業者としての勘所を理解してもらうように会社としてどのようにサポートするかが非常に大事なところです。

② 　経営理念浸透／業界研究

そして、もう1つ農業で大事な研修は、「経営理念の浸透と業界研究」の研修です。本書で何度も書いているように、農業はこれまで家族経営が中心であり、作物も委託販売が主流で、いわば閉鎖的な業界でした。それが今どんどんと崩れている状況にあります。崩れている状況と言いましたが、言い方を変えれば、どんどんと広がっている状況でもあります。地域による違い、作物による違いがあるため、農業とひとくくりにはできません。ですので、それぞれの経営理念の浸透と、これからますます広がっていくであろう業界の研究に関する研修が必要となってきます。

③ 　その他

もちろん、他にも管理職研修やマネジメント研修など、一般企業が導入している研修制度を取り入れることも必須となります。また、先の項に説明した安全衛生教育とともに、新卒採用なども増えてきているので、社会人としてのマナーを学んでもらう新人研修なども、新卒社員を受け入れる会社の責任として取り組む必要があるでしょう。

第2節

キャリアと人事評価

◆ 労働者の立場として

　農業における労働時間管理では、無理に法定労働時間に合わせる必要はなく、実態に即した所定労働時間を設定することが重要だと強調してきました。もちろん、実態が法定労働時間内であればよいのですが、実態と合わないにもかかわらず法定どおりの労働時間を設定した場合、日常的に時間外労働が発生してしまいます。しかし、会社としてはできるだけ時間外労働は抑えたいはずです。そこで、少し考えてみてください。

　賃金は、賃金単価に、どれだけ働いたかという「時間」を乗じて決まります。つまり労働者は、労働する時間を増やさない限り、賃金は増えないことになります。賃金単価は会社が決めるものであって、労働者が増やすことはできないからです。

▷図表5-12　賃金の成り立ち

 =  ×

　少し話がずれるかもしれませんが、賃金単価を決める重要な指標として、最低賃金というものがあります。たまに、「最低賃金が上がったこと」を「自社の賃金を上げたこと」と同一視している社長がいますが、労働者にとってみればそれは違います。最低賃金が上がることによって上がる賃金は、国が上げている賃金です。実質的には会社が

第5章

農業の人事

支払うことになりますが、会社が自らの意思として上げているのではありません。あくまでも、国が決めていることです。労働者にしてみれば、この認識は当たり前のことなので、社長もその認識を持っておくべきです。

　そのうえで、労働者が賃金を増やすために何ができるかというと、労働する時間を増やすこと（出勤日数を増やすこと、就業時間を増やすこと）しか手段はありません。もちろん、必要な労働であれば、会社は認めてくれますが、不要な労働であれば会社からは認められないでしょう。

　とはいえ、労働者とすれば、年齢とともに生活が変わってきます。婚姻し、子どもを持ち、子どもが小学校・中学校・高校と進学するにつれ、もっと収入が必要だと考える場合もあります。そのため、賃金の単価が上がる仕組みが必要です。具体的に言い換えるなら、月の所定労働時間が175時間、月給20万円の賃金だった人が、同じ175時間で21万円を受け取れるような、会社による賃金が上がる仕組みを示すことが必要なのです。

　とはいえ、会社として、単純に在職しているだけで賃金が上がる、いわゆる年功序列ではなく、頑張った労働者の賃金を上げたいと考えるのは当然のことです。そのために必要なものが「人事評価」です。人事評価では、会社が向かう方向を順序立てて示し、労働者が今いる段階において求める人物像と比較してどうかを評価して、結果を賃金に反映させます。会社が求める人材を評価して賃金に反映させることは、労働者が向かうべき方向性を会社が求める人材と同一にする役割があります。労働者としても、賃金が上がる道が示されることで、すべきことが明確になります。

会社の立場として

　単純に「在職年数が長いから賃金が上がる」という考え方も、不要ではありません。現に著者も、在職年数が長いことは、その期間分は会社に一定の労働力を供給し続けている点で、評価できると考えています。とはいえ、流れ作業的に仕事をこなすのではなく、やはり成長して欲しいと願うことは当然で、成長してくれた労働者については評価したいものではないでしょうか。人事評価として労働者が向かうべき方向性を示すことは、労働者の目標を定めることでもあり、会社が求める人材を育てる結果となります。

　では、評価をする際には何を考えればよいのでしょうか。

　入社して間もない労働者に対しては、**図表5－13**のイメージを持つと、わかりやすいかと思います。

❶　言われたことが　　できる or できない
❷　言われなくても　　気付く or 気付かない
❸　自ら　　　　　　　動　く or 動かない（動けない）
❹　自分で判断　　　　できる or できない

▷図表5－13　入社して間もない労働者への評価イメージ

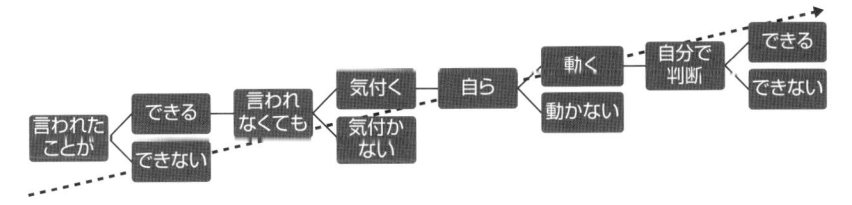

　まず「まだ何もわからないが、言われたことはできる」がクリアできないと、「言われなくても気付く」には行けません。そして「言われなくても気付く」ことができたとき、「自ら動ける」のか「動かないもしくは動けないのか」に進み、動くことができたら、さらに先の

「自分で判断できる」が見えてきます。

　図表5−14は、ある程度の仕事を覚えた労働者が次のステップとして管理者になる時点を想定しており、成長していく形の図ではなく、持ち合わせている能力を評価するイメージとしています。

●管理することが　　　　　　　できる or できない
●結果に対する責任感の認識が　あ　る or な　い
●人望が／向上心が／責任感が　あ　る or な　い

▷図表5−14　管理者への評価イメージ

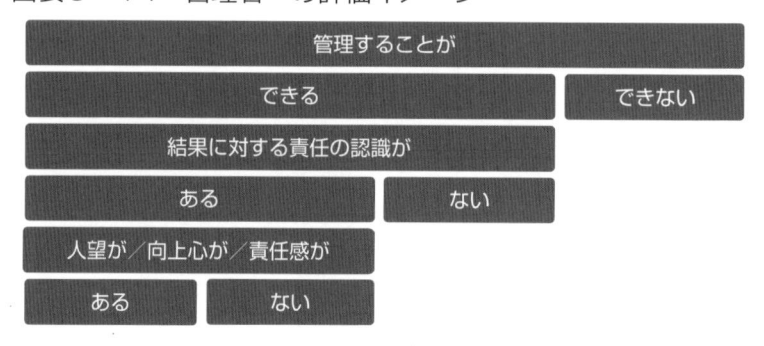

　組織は、ある時点から評価の中身を変えないといけなくなります。それが、図表5−15に示していることです。

　入社当初は、作業を覚えて実践することが評価の中心となります。覚える仕事には、専門用語の習得や機械の使い方、事務作業であれば伝票入力などがあるでしょう。これらの作業を1人でこなせるようになるまで、マニュアルやスキルマップなどを利用して覚えてもらいます。

　作業的なことを一通り覚えたのち、部下を数人つけて、管理的な立ち位置に就いてもらう必要があります。これまで習得した知識を活かし、管理することで、会社に貢献するのです。

▷図表5−15　評価の内容の変更

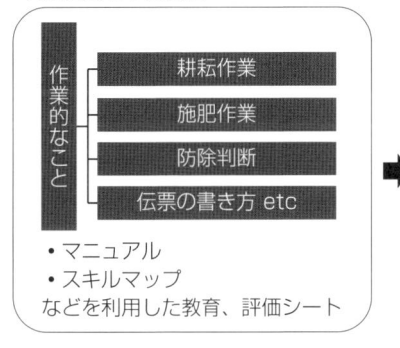
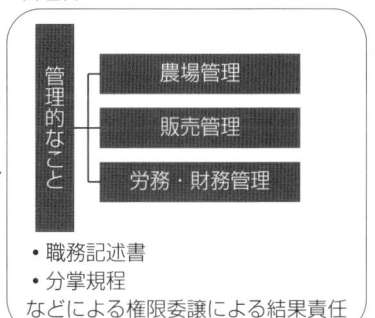

入社間もない労働者

管理者

この変化を示すため、入社間もない労働者への評価イメージ（▷図表5−13）と管理者への評価イメージ（▷図表5−14）では図を変えています。

しかし、農業等の現場では次項のような状態をよく見かけます。

 ## 管理職不在の農業現場

以前、畜産業の社長にこんなことを言われた記憶があります。

「わしらは毎日仕事しとる」と言う社長に、「社長は（朝）何時から仕事されているんですか？」と私が尋ねると、「（わしは）毎朝4時から仕事しとる」と言います。続けて「朝の4時から何の仕事されているんですか？」と聞き返すと、「散歩や」と一言。しかし、よく聞くと、散歩しているというのは牛舎の中です。つまり、毎朝4時に牛の様子を見て回っているのです。社長のようにベテランになると牛の目を見たり、振る舞いを見たりするだけで、調子がわかるそうです。それを毎朝の「散歩」だと言っているのでした。

ということであれば、牛の状態を見て適切な世話の判断ができる人材が

育つまでは、社長の毎朝の散歩は他の人に任すことはできません。ただ、散歩後の対応（牛への水やりや給飼などの作業）は指示できます。

　先のみず菜の大株の話も同様ですが、農業者は職人的な部分も持ち合わせているため、成長の評価が難しい面があります。ただ、そうとはいえ、朝の散歩を任せることができないと、社長は毎朝散歩し続けないといけません。会社の肉牛が評価され、大きな商談があったとしてもその場を離れることができません。すると、会社そのものが次のステップに辿りつけないことも考えられます。やはり、散歩を任せる人材を育成する必要があります。

　また、著者はこれまで多くの農業法人を見てきた中で、管理職不在の農業現場が多いと感じています。

　ある農業法人に行ったときに、夕方、社長と話をしていると、社長のスマホが鳴りました。現場の労働者からだそうで、「そうやなぁ、45度ぐらいしといてくれるか」と応じていました。聞けば、ビニールハウスから出る（退勤する）ときに、換気の窓をどれくらい開けておいたらいいかの確認の電話で、「45度」というのは窓の角度だそうです。

　別の農業法人の社長と、同じく夕方に話をしていたときのこと。次々と労働者の皆さんが退社するのが見えたので、話を終えたら社長も家に帰られると思っていると、「いや、最後に水（の栓）、ちゃんと締めよったか見に回らなあかんねん（確認しなければならない）」とのことでした。

　畜産業における散歩、ビニールハウスの窓を開ける角度の判断、圃場の水の栓の確認、すべてを並列にすることはできませんが、その会

社ごとに労働者に任せることと任せられないことの整理が必要だと考えます。

　いずれの農業法人にも、労働者の中には入社1年や2年ばかりの者ではなく、10年近くの労働者もいました。また、ビニールハウスの窓の確認をしてきた労働者も、最後に退社した労働者も、いずれもベテランに類する労働者であるとのこと。そこで著者は、「どうして、任せてしまわないのですか」と思わず聞いてしまいました。するとどちらの社長も「不安だ」というのです。農業では、一度台風が直撃すると、その年の収穫がまったくできない可能性がありますが、これと同様に1つのミスが膨れ上がり、収穫に大きな影響を及ぼすことがあります。ですから、どちらの社長も「任せる」という決断に踏み切れないのだと考えます。ただ、これではいつまで経っても社長1人が忙しいばかりです。

　前項にも書いたように、入社後間もない労働者については、まずは必死に与えられた役割をこなしつつ、指示を仰ぎながら農作業や農機具などの使い方など、仕事そのものを覚えていきます。そして、4年、5年と経験を積んだとき、1人で一通り判断して作業ができるように成長していないと、会社としてはいつまでも指導しなければならなくなってしまいます。いつまでも新人でいさせないために、会社が研修プログラムなどを準備して、管理者となるための研修や知識の習得に体系的に取り組ませなければなりません。

　例えば、防除作業1つをとってみても、やり方については雇入れ時の教育に始まり、座学と実践を通じて入社1年目から学んでいくことになります。その中で、農薬の基本的な知識や種類、取扱いについて、器具の使い方、具体的な防除方法を研修します。そして、実習過程で農薬に対する知識を深め、実際に調整を行い、数年後には、この作物にはこのタイミングでこの農薬という判断ができるようになることが理想です。

　また、会社としても数年後にこの辺りまで任せるというイメージが

ないと、体系的な研修を組むことはできません。それは「入社間もない労働者」と「農薬を適切に使用できる労働者」とでは、違う立場、職位、職責を与えることを意味します。さらに、次の段階として、農薬の在庫管理・発注や農薬を片付けておく保管庫のカギは、もっと経験を積んだマネージャーという職位にあるものが管理するなど、本来であれば経験に応じて、仕事の中身が変わり、会社での立場も変わり、責任も変わってくるはずです。

　しかし農業では、マネージャーになるべき経験者がいるはずなのに、社長がマネージャーの仕事や現場管理の仕事をしているところが多くあるように感じます。実際、図表5-16のように社長の仕事が非常に大きくなっていないでしょうか。

▷図表5-16　マネージャー不在の場合の社長の仕事の範囲

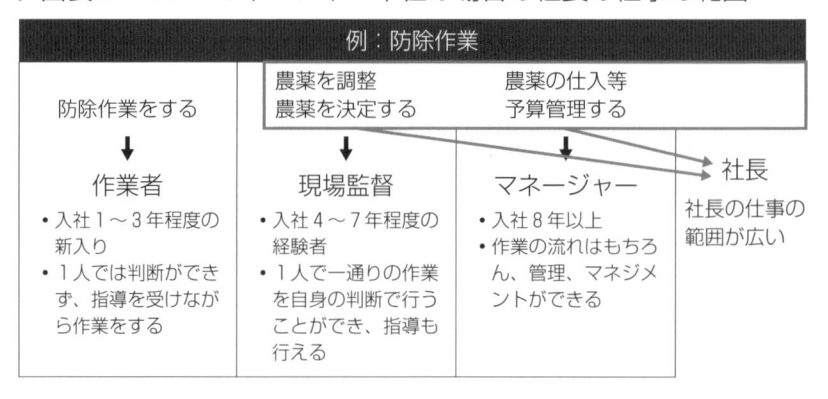

　もし、現場での圃場管理を管理者に任せて、全体の管理をすることだけに注力できれば、図表5-17のように、社長の仕事として、会社が経営理念に掲げた本来目指すべき方向への取組みができるのではないでしょうか。そのためにも、いわゆる管理職という地位の設計が必要であると考えます。会社が何も用意せず、作業者が自然に現場監督になることはありません。この会社で現場監督はどのような地位にあるもので、どのような仕事をするものか、それを示す必要があります。

▷図表５−17　マネジャーがいる場合の社長の仕事の範囲

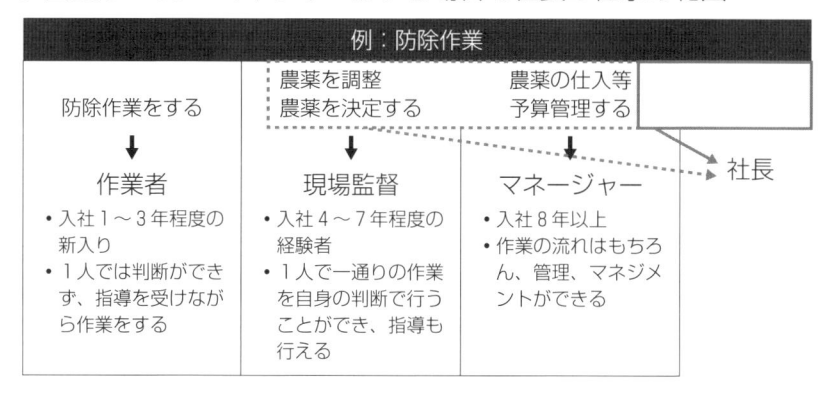

例：防除作業			
防除作業をする	農薬を調整 農薬を決定する	農薬の仕入等 予算管理する	
↓	↓	↓	→ 社長
作業者	現場監督	マネージャー	
・入社１〜３年程度の新入り ・１人では判断ができず、指導を受けながら作業をする	・入社４〜７年程度の経験者 ・１人で一通りの作業を自身の判断で行うことができ、指導も行える	・入社８年以上 ・作業の流れはもちろん、管理、マネジメントができる	

中間管理職をつくる（第１段階）

　前項のように管理職を設けた組織をつくるのであれば、その会社において現場監督が何をする人か、管理職が何をする人かを明確に示す必要があります。

　経営学者として著名なピーター・ファーディナンド・ドラッカーが刊行した『マネジメント』では、マネジメントについて「組織に成果を上げさせるための機能・機関」とされ、マネージャーは「組織の成果に責任を持つ者」とされています。組織の規模が大きくなり、成長する過程で分業が進むと各部署の部長がマネージャーとなり得ますが、今の時点では、会社＝組織とした場合、会社の成果に責任を持つ者（マネージャー）は社長でしょう。となれば管理職は、作業者と、会社をマネジメントする立場（社長）との中間に位置する者だといえます。一般企業でいえば、中間管理職の代表とされる課長に当たる職位であり、業務の一部を任せることができる者です。管理職を設けることで、社長にしかできない業務の幅を広げられ、より理念の実現に注力できるようになるのです。

　もちろん、理念によって社長が現場に留まるという判断（そのような経営方針）があっても構いませんし、本書もそれを否定するもので

第５章

農業の人事

はありません。単純に、法人化された社長の理念は大きく、素晴らしいものでありながら、現場から脱することができない状況にある社長が多いと感じて、中間管理職が必要であると著しているのです。

　社長と作業者の間に中間管理職をつくることは、考えてみれば、それほど難しいことではありません。作業員と全体を統括する役割（社長・マネージャー）の間に位置し、図表5-18のように幅広い役割を持った職位をイメージしてください。会社が「管理職」に求めるものや役割はそれぞれ違っていて当然なので、各現場の管理をする役割を果たしつつ、先見性を持った思考と今ある仕事に懸命に取り組む姿勢とのバランスを図り、作業員の声を聞き、社長・マネージャーの言葉を伝えるといったことが、管理職の役割だと想定してよいのです。このような役割を持つ職位をつくることで、小さな（社長と作業員だけの）組織であっても、3層の組織となります。

▷図表5-18　各職位に求められる役割

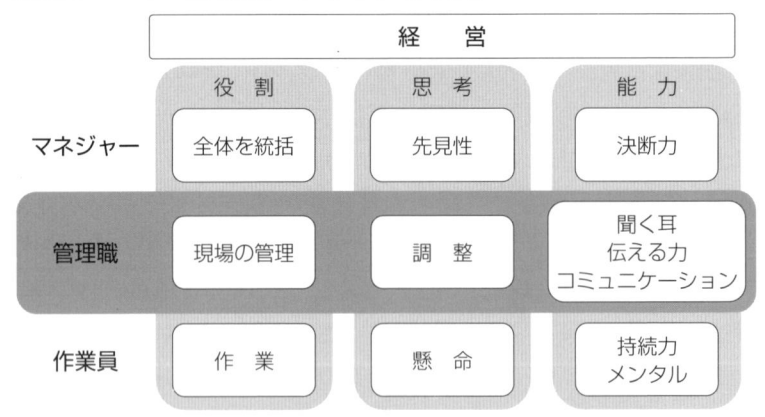

　多くの会社は、入社して何年も経つ社員に、現場で言われた作業に懸命に取り組むだけでなく、意識を変えて欲しいと望んでいるでしょう。要は立場に応じて、役割を意識した目線を持って欲しいということです。

　例えば、雨が数日降り続いて農作業がままならない状態に陥ったとき、指示に従って動けばいい作業員は「明日も雨の中仕事しなければならないのか、寒いから嫌だな」くらいにしか考えていないかもしれません。人によっては、天気のことをまったく考えていない場合もあるでしょう。

　ですが、圃場を管理する立場となり、その責任を負うものとなれば、雨対策作業の段取りや作業手順の見直しなど、影響への対策を考えないわけにはいきません。部門を統括するマネージャーや経営者であれば、今期の売上への影響や来シーズンへの対策に頭を悩ませるでしょう。具体的な役割は、社長の考えをもとに委譲された権限によりますが、マネージャーであれば契約先への連絡や説明、管理職であれば同じ作物を栽培している仲間から必要数量を回してもらう（仕入させてもらう）といった調整は、任せられるかもしれません。

▷図表5−19　それぞれの立場によって違う目線

・今期の売上への影響　・目標達成への影響　・販売先への説明
・人員配置の見直し　・来シーズンへの対策
・都道府県、市区町村の支援　→ マネージャー 経営者

・契約先への数量確保　・雨対策作業　・収穫時期の影響
・作業手順の見直し　・シフトの組み直し
・現場責任者として報告　→ 管理職

・明日の天気　・明日の出勤時間　・今日の晩御飯　→ 作業員

　その辺りは、結局、社長がどのように考えるかに尽きる話です。最終的な決定を下す権限をどこまで持たせるのか、詳細に決める必要があります。ただ、本書はここを本題として取り扱っておらず、管理職の職務についての定義は解説書もたくさん出版されているので、他の書籍にその役割は委ねることとします。

　経営者と作業員の間に管理職という立場を設けることで、会社の中で職責の違う3つの階層ができます。これを事業の分業化の第1段階

とします（先に全体の流れを知りたい場合はP.175を参照してください）。

　また、役割に階層ができることで、その会社内で労働者が目指すべきキャリアのステップが見えてきます。

 ## 目的の細分化による事業の細分化（第2・3段階）

　仕事のやりがいについて、「石で城を造る」寓話を聞いたことがある人もいるでしょう。石を運んでいる作業者に「何をしているのか」と尋ねると、一人は「石を運んでいる」と答え、もう一人は「城を造っている」と答えます。このとき、どちらのほうがやりがいを持って作業をしているのか、というものです。これを、耕作放棄地に例えて説明をすると以下のようになります。

▷図表5−20　同じ行動でも立場によって目的が違って見えることもある

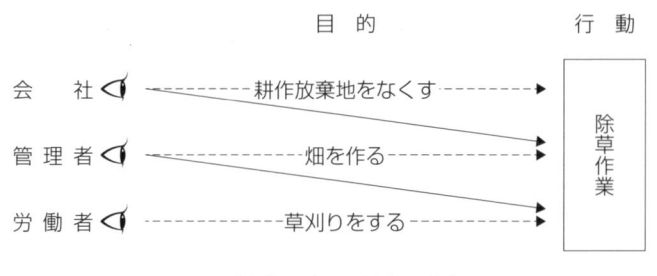

「立場によって違う目的」

　日本の耕作放棄地は42万3千ha（平成27年　農林業センサス）とされており、荒廃農地[3]は25万3千ha（令和4年度　農林水産省　荒廃農地面積）とされています。耕作放棄地とは、以前耕作していた土地で、過去1年以上作物を栽培せず、しかもこの数年の間に再び耕作する意思のない土地をいいます。滋賀県の面積が40万haとされているので、日本全国で滋賀県と同じぐらいの面積が耕作する意思のない土地とされて

いる現状といえます。

　耕作放棄地をなくそうと決意して事業化するとき、最前線の業務としては「草を刈る」ことです。「石で城を造る」寓話になぞらえていうと、草を刈って畑に戻す作業においては、「畑を作る（＝城を造っている）」ことが目的なのに、「草を刈る（＝石を運んでいる）」ことが目的化してしまうという話です。

　この理由は、同じ業務の繰り返しにより、単純に「草を刈る」ことのみが目的化してしまっているという考えと、そもそも所属する部署の目的が「草をたくさん刈ること」になってしまっているという考えがあります。前者であれば、ワークローテーションなどによって新鮮味を持たせるという対策がとれますが、課題は後者です。所属する部署において「なぜ草を刈ること」が目的とされているのか、労働者に認識してもらう必要があります。

　会社とは、分業を進めて効率的に業務を行う組織を仕組み化する手段ともいえます。例えば、小松菜をメインとしていた農家が、農業法人となったとします。「地域を小松菜の大産地」にすることを目標に掲げ、規模を拡大し、それに伴って作業者（労働者）を増やし、必死に取組みを進めました。そして周年栽培のために施設を持つようになり、圃場が増えて、人が増えると、農作業に特化した部門ができ、出荷調整作業の部門ができました。それと同時に、販売先の拡大のために営業部をつくることになり、さらに会社の経理や労務などを管理する部署が必要となってきます。

第5章

農業の人事

〈解説〉3　耕作を放棄したことにより荒廃し、作物の栽培が不可能な農地のことをいい、再生利用が可能なものと困難なものに区分されています。農家の申告による主観ベースで計っていた耕作放棄地面積での把握を廃し、平成20年より農業委員会による客観ベースで農地の現状を把握しています。

▷図表５−21　部門による業務目的の違い

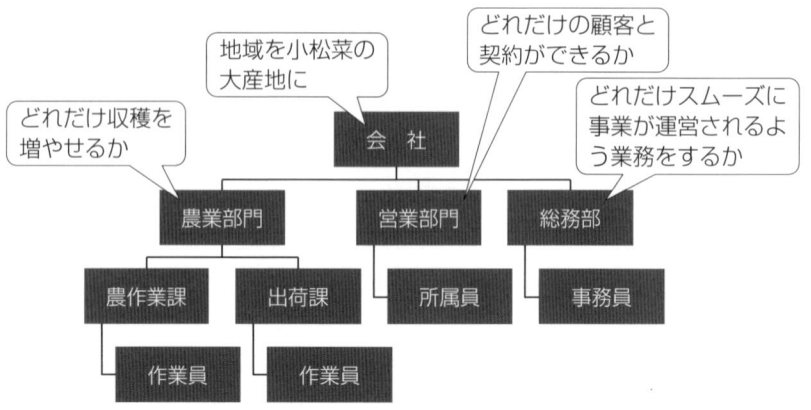

　会社全体としては、「地域を小松菜の大産地に」という目的のはずが、農作業部門では「どれだけ収穫を増やせるか」、営業では「どれだけの顧客と契約ができるか」、総務部では「どれだけスムーズに事業が運営されるよう業務をするか」がそれぞれの目的になり、そこに属する作業員、事務員は、それぞれの部の業務を全うすることが毎日の目的となります。

　このとき、当初掲げていた会社としての大きな目的が分業化によって見えにくくなってしまうとしても、大きな目的を細分化し、それぞれの部署、それぞれの課の目的となっていれば問題ありません。その課に所属する労働者に、課の目的のために働くことで大きな会社の目的の一部を担っていると感じさせ、モチベーションを維持させることが大切です。農業部門の労働者であれば、地域を小松菜の大産地と認めてもらうため、取引先から信頼が得られるようにすることが部署の目標になります。つまり、日々の農作業において、規格が整い、同品質の小松菜を定量生産すべきことが求められるでしょう。営業部門であれば、多くの顧客に営業をかけることが、総務部門においては、全労働者が安全に安心して働ける環境を整えるための基幹業務を間違いなくこなすことが、目的になります。

　このように、会社の規模に応じて業務の違う部署が生まれることを

第２段階・第３段階と定義します。

キャリアマップの作成

　前項および前々項のように、事業の分業化（業務ごとに分けること）と職責の階層化が進むと、組織も細分化されてきます。分業の方法も階層の細分化もいろいろとありますが、イメージとして以下のような段階を踏んでいくものと考えます（▷図表5-22〜25）。

- 第1段階：中間管理職ができ、職責が3階層になる
- 第2段階：販売部ができて、業務が2つに分かれる
- 第3段階：出荷部と事務ができ、業務がさらに細分化される
- 第4段階：部署がそれぞれ確立され、それぞれの部署にマネージャー（部長職）が存在し、経営層より部署に権限移譲がなされる

▷図表5-22　第1段階のキャリアマップ

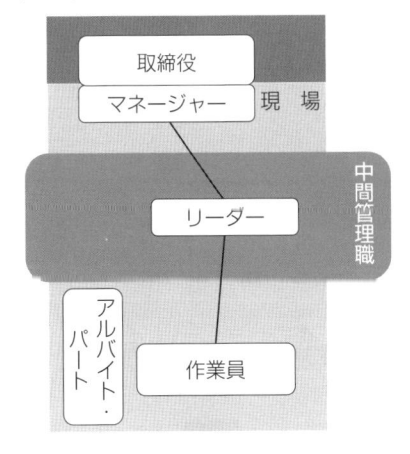

▷図表5－23　第2段階のキャリアマップ

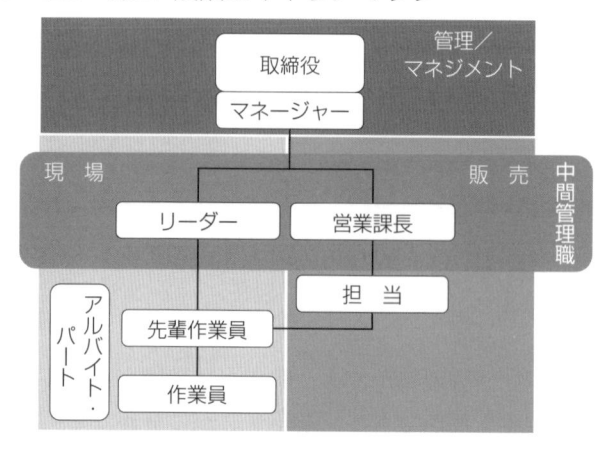

▷図表5－24　第3段階のキャリアマップ

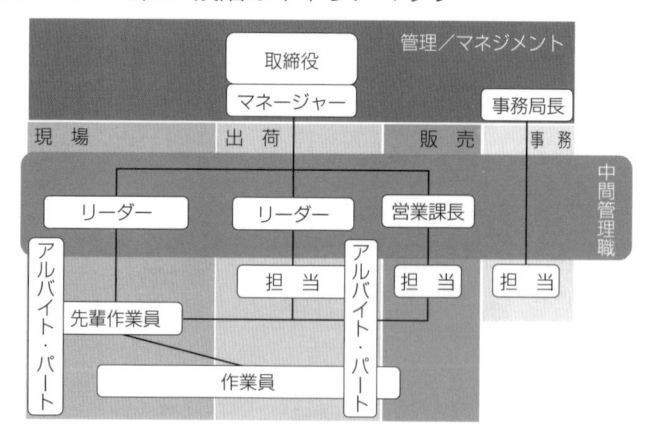

▷図表5−25　第4段階のキャリアマップ

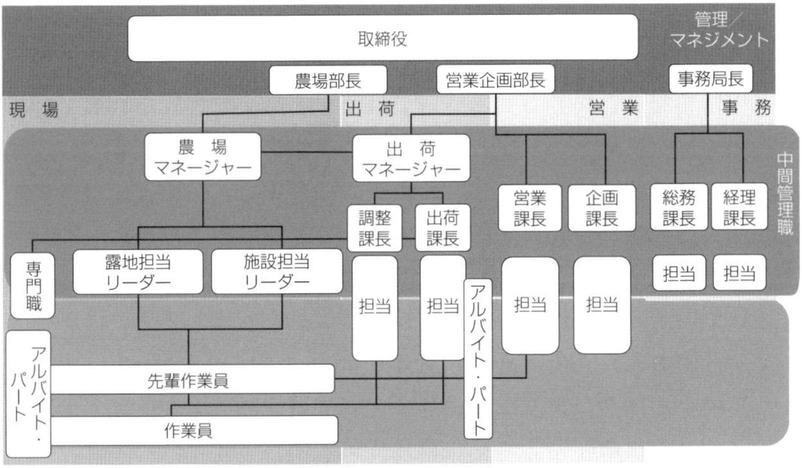

　これらが、いわゆるキャリアマップというものです。キャリアマップといえば、労働者が会社で今自分のいる位置を知ったり、定年までにどのようなゴールを目指すのかの見通しを立てたりなど、何人も労働者がいる大きな会社が作成するものと考えてしまいがちですが、実は組織立ち上げ当初の会社にも有効なツールです。

　家族経営から農業法人への移行が増えているとはいえ、その歴史はまだまだ浅いものです。組織も成長してはいるものの、固まった組織として事業をしているところはまだまだ少ない状況だといえるでしょう。ですから、定期的な見直しが必要なのです。歴史が浅いゆえに、今、まさに働いている労働者の中にも、（独立就農を目指している人は別として）将来に不安を持っている人も当然多くいるでしょう。

　キャリアマップを作成することで、今農業法人で頑張っている労働者が、「今どのような位置にいて、何を期待されているのか」「今後どのような仕事に就くのか」「この会社で働き続けてどのような定年を迎えるのか」などを想像することができます。

　例えば、土に触れることや栽培すること、それを研究することが好きで、管理職には向かない、なりたくないという人も中にはいるはず

です。そのような人のために「専門職」という立場を残すことも、キャリアの選択の1つといえるでしょう。

　また、出荷や調整部署、営業への配属は、作業員として現場のキャリアを積まないと異動させるべきではないと考えます。これまでの青果物流通は、市場というマーケットに農作物の販売を委託して、市場が農産物の価値を決めてきました。このやり方は、農業と消費者の距離が遠いため現場の想いが伝わらず、今の農業者がモヤモヤしているところだと思います。そのため、農産物の営業は、現場の事情や苦労を知っている人でないと、要求ばかりが先になってしまい、このモヤモヤが社内でも起こる可能性があります。

　営業の企画担当は現場を経験せずとも配属されますが、基本的には経験者の中途採用となります。事務仕事も同様です。

番外　分業を考える

　一口に「事業を分ける（分業する）」といっても、いろいろな分け方があります。例えば、中華料理屋さんの厨房の中は、役割分担されているのがよくわかります。炒め物担当、揚げ物担当、麺類担当、盛り付け担当、洗い物担当などと決まってはいますが、麺類担当が炒め物の皿を用意するなど、相互に足りない手を補いながら素早く対応しているのを見ると、何とも気持ちがよいものです。

　組織をかたちづくるうえでの分業の方法にもいろいろとあり、会社内で最も適したかたちを模索する必要があります。

　最適化の方法としては、露地栽培の有機野菜を「野菜BOX」として消費者に販売している農業法人の例があります。その法人では、少し前まで、役割を圃場担当と選別・出荷担当という工程ごとに分けていました。しかし、圃場担当のモチベーションが低くなってしまいました。そこで今は、葉物担当、根菜担当、成り物担当と、野菜の種類ごとに分けているといいます。消費者の声を直接聞くことができる出

荷作業によって、モチベーションの維持・向上になるとのことでした。

　機能的にどのような違いがあるでしょうか。圃場・出荷・選別と担当が分かれている場合、選別担当がまったく機能しなかったら、商品は完成しません。3つの部署がそれぞれに業務を行い、「野菜BOX」になるわけです。よって、1つの部署が機能しないと、消費者へのすべての供給が止まってしまいます。一方で、葉物・根菜・成り物と担当分けした場合は、葉物の何かしらの工程でトラブルがあって止まったとしても、根菜と成り物の現場は動いているので、選別・出荷まで作業を進めることができます。

▷図表5−26　分業の最適化

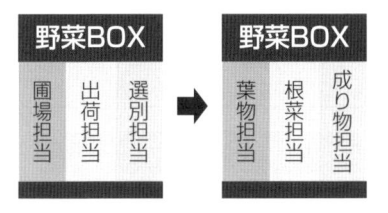

　家族経営では、圃場作業から選別、出荷、起票、集金など、すべてを家族で行ってきました。経営規模の拡大とともに農業経営の分業が進むことは、「組織」の機能からも当然のことです。しかし、どのように分業を進めるかは、事業の効率化だけではなく、人材の育成、リスク回避などにもかかわるので、規模の拡大とともに整理が必要となってくる非常に大事なところです。

農業法人における人事評価

　まずは管理職を設けて、職責の3階層をつくることが第1段階です。

　同時に、階層ごとに労働者が果たすべき役割を示し、その役割で求められる能力・知識・行動をハードル（目標）として設定します。

　図表5-15に少し手を加えて説明します。ここでは、それぞれの職責の階層をA、B、Cクラスとします。つまり、作業的な役割を担う労働者をCクラスとし、管理的な役割を担う労働者をBクラス、それ以上のマネジメントや経営企画などを行う経営陣に近い労働者をAクラスと分けます。

▷図表5-27　職責の階層

Aクラス＝経営陣に近い労働者

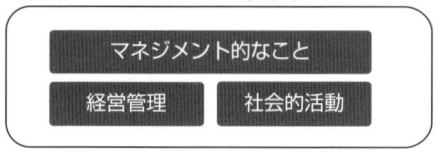

Bクラス＝管理的な役割を担う労働者

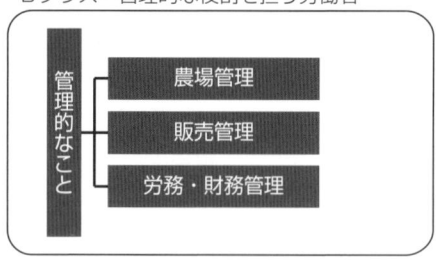

Cクラス＝作業的な役割を担う労働者

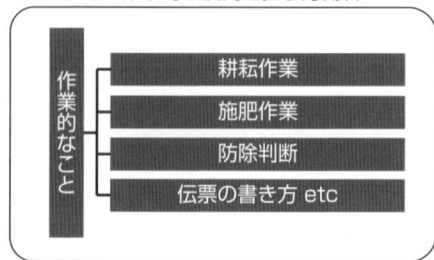

それぞれのクラスでは、職務、職責、求められる能力も違います。Cクラスは、農業者としての能力を高めてもらうために、現場でバリバリと働くことが求められます。Bクラスは、Cクラスの労働者を管理し、チームとして最大限の成果を導き出すといった、任された職務に応じた結果が求められ、その結果に対して責任を負うクラスになります。また、Aクラスは経営陣と同様、数字的にも、提供するサービスにも、対外的に経営責任を問われる立場と考えます。雇用を始めた当初、Aクラス・Bクラスの役割を社長が担います。労働者が増えるにつれ、Bクラスを設定することで、3層になり、いずれ、Aクラスからも社長の手が離れるという流れです。

このように分業化が進むと、考えないといけないことがもう1点あります。それは、Cクラスの職務が「農作業」だけかどうかということです。先の番外（▷P.44）にも書きましたが、農作業をすることだけが「農業」ではありません。調整・選別や出荷作業、起票や顧客とのやりとりも作業となります。つまり、農作業や調整、出荷などすべての経験を積んでもらう仕組みをつくらないと、労働者としてのキャリアが偏ってしまいます。大企業であれば、ある程度の時期に「総合職」に進むか、「一般職」に進むか、労働者の意思を確認しているでしょう。もちろん、そのように意思の確認をするのもよいですし、仕組みとしてすべてを経験してもらうキャリアマップにしても結構です。これも会社の考え方となります。

ただし、労働者は社内で決められたキャリアを目指すことになるので、会社としての方針は必要です。もし、経営幹部になるために総合的（農作業だけではなく、出荷・調整や営業などの）経験が必要であれば、そのキャリアを形成することができる配置換えなどの仕組みを制度化してあげる必要があります。労働者にとっては、自身の経験となり、それこそキャリアとなるわけですので、非常に大切なことです。

特に、この点は著者のこだわりですが、市場流通による委託販売が農業者と消費者の距離を遠くさせた理由だと考えると、「農作物をつくる経験」を通じて作物に対する想いを強くするため、どの部署にあっ

第5章

農業の人事

ても農作業経験だけは積むことができるキャリアにして欲しいと考えます。

　さて、それぞれのクラスで求められる評価は違うのですが、基本的には評価の視点が3つあります。

▷図表5−28　評価するときの視点

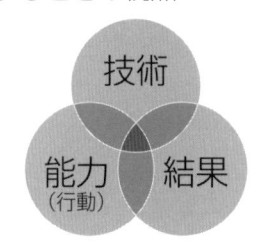

　1つ目は「技術」です。これには農業知識も含みますが、出荷や選別作業までも含めるかどうかは、先に書いたとおり、会社の判断によります。「技術」は、作業員としての経験から備えてもらうこととなり、BもしくはAクラス（図表5−27参照）となると、備わっていることが前提とされるものです。つまり、農業を取り巻く知識や経験がないと、BクラスやAクラスには辿り着くことができません。もちろん、何度もいうように、会社として学ばせる機会を与える必要があります。

　2つ目は、その人が持つ「能力（行動）」です。「（行動）」としたのは、備えている能力を評価するのではなく、行動について評価する意味からです。能力は備えていても行動を起こさなければ評価に値しません。もちろん、単に能力を有することを評価する考え方の人もいるでしょうが、やはり「行動」を伴うことが大事だと考えます。もちろん、会社としても能力を活かしてもらえる配置が必要ですし、行動することを求める必要があります。また、能力（行動）も、クラスによって求められるものが違いますが、Cクラスでは社会人としてのビジネスマナーを含めた能力、BおよびAクラスでは求められた職務に対する達成度合い、求める職務に対する順応力、調整力、進捗管理などを

「行動」とします。設定された職務に対する執行度合いを測るもので、いわゆるコンピテンシー（行動特性）といわれるものとして考えてください。

　最後に、組織内での立場から求められる「結果」です。クラスが高くなればなるほど、求められる結果も大きくなります。そのため、技術を身に付ける段階のCクラスの階層の人事評価に、結果を入れるかは会社ごとの判断になります。とはいえ、職務を果たす責任は職責ともいえるので、与えられた仕事をこなしたかどうかという判断で、結果を評価に入れることは必要だと著者は考えます。例えば、整理整頓や勤務態度、遅刻欠勤の有無、報連相の確認などは、「できる」「できていない」の結果として判断されるべきだと考えます。図表5-29は、3つの階層で、それぞれにどのような評価の視点が必要になるかを示したものです。

▷図表5-29　必要となる評価の視点

作業員
・技術
・能力

管理職
・技術
・能力
・結果

マネージャー
・結果

(1)　技　　術

　最も設計が難しいのが、技術レベルの評価です。なぜなら農作業は、それ自体が多くの作業を集合させたものであり、その作業を分解して考える必要があるからです。第4章（▷P.107）に書いたように作業を分解し、それぞれをタスク化して、習熟度を評価します。この方法が双方（評価する側、評価される側）にとって具体的で理解の進みも早く、わかりやすいと考えられます。

　著者も、タスクの洗出しという手法に共感をいただいた社長の会社で取組みを始めました。社長も著者も、農作業を習得してもらう

ためには最善の方法だと考えていましたが、何もないところからタスクを設計することは、非常に長い時間を費やしかねません。そこで、職業能力開発総合大学校の基盤整備センターが公表している「職業能力の体系」をたたき台として活用しました。

　こちらでは、農業（米作・米作以外の穀作、野菜露地栽培、野菜施設栽培、酪農業）の職業能力体系が様式1～様式4まで、大まかな職務分類～詳細なものへと順にタスク分解されており、何もない空白からタスク分解をするわけではないので、取り組みやすくなっています。なお、このリンクは、旧雇用能力開発機構が公表していたものがベースとなっており、数度となく、持ち主が変更されているので、早めのダウンロードをお勧めします。

　また、実際に業務をタスク化して「農業版iCD」（※）を確立し、これを取り入れて人材育成に取り組んでいる農業法人もあります。労働者の習熟度を一元管理し、栽培技術だけではなく、経営管理や財務や労務などの経営ノウハウも教育するために利用されています。

　今後は、このような取組みが広まり、農業技術の見える化と平準化が進み、何十年とかかってきた農業技術の伝承が早まる可能性も期待されます。

　ただ、このように業務をタスク化し、人事評価や人材育成につなげることができるのは、相当な規模の作業員が所属し、圃場管理部門が何か所にも分かれているようなところで、作業員の技術力にも差があり、より多くの人を体系的に管理するような法人が想定されます。というのも、タスクがあまりにも多く、その選定する作業に相当時間を要するからです。しかも、取り組む作物によって、追加しなければならないタスクや必要のないタスクもあります。「職業能力の体系」は丁寧に作成されているので、基本となる部分はよい

〈参考〉　※　農畜産業振興機構（alic.go.jp）「組織力向上に結びつく人材育成～トップリバーが運用を始めた自己診断ツール"農業版iCD"～」

▷図表５－30 「職業能力の体系」操作画面

分類		NO	業種名	様式(ダウンロード)				整備年度	書式
01	農業,林業	01	米作・米作以外の穀作農業	様式1 (162KB)	様式2 (47KB)	様式3 (77KB)	様式4 (950KB)	H21	
		02	野菜作農業(露地栽培)	様式1 (163KB)	様式2 (48KB)	様式3 (90KB)	様式4 (1,388KB)	H21	
		03	野菜作農業(施設栽培)	様式1 (167KB)	様式2 (59KB)	様式3 (121KB)	様式4① (1,724KB) 様式4② (247KB)	H22	
		04	酪農業	様式1 (98KB)	様式2 (43KB)	様式3 (71KB)	様式4 (711KB)	H21	

▷図表５－31 「職業能力の体系」様式１

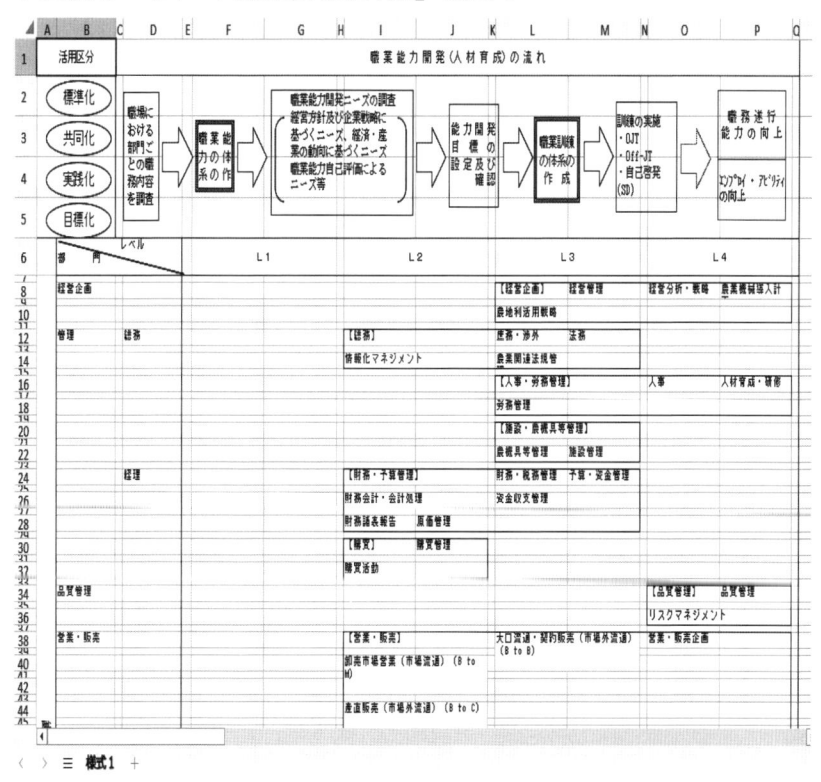

〈出典〉　図表５－30：独立行政法人高齢・障害・求職者雇用支援機構
　　　　　図表５－31：同上

第5章
農業の人事

△図表5－33　職業能力体系様式4索引

△図表5－32　職業能力体系様式4—作業タスク

	A	B	C	D	E	F	G
1		職 務		重要業務範囲		レベル	L2
2		仕　事		除草作業			
3		作　業			作業に必要な主な知識・技術・技能（主な動作とそのポイント）		
4			1. 除草作業準備		1. 除草期の知識と使用方法を知っている		
5					1. 除草期間や起算時期の確認ができる		
6					2. 除草期の使用資材の確認ができる		
7					3. 除草期の期間内自主作業の運用ができる		
8					4. 同一点の地域間距離の対象作業場の確認ができる		
9					5. 適切な量と頻度することができる		
10			2. 除草作業		1. 除草の種類を知っている		
11					1. 状況に応じた除草方法の選択ができる		
12					2. 除草剤の散布方法の選択ができる		
13					3. 適切な作業者着用の選択ができる		
14					4. 除草期の動作状の記録ができる		
15					5. 夏場による除草ができる		
16					6. トラクター・管理機などの農機を用いた除草ができる		
17					7. 作物の見分けや不能から除草への要求判断ができる		
18							

〈出典〉　図表5－32：独立行政法人高齢・障害・求職者雇用支援機構
　　　　　図表5－33：同上

のですが、自社の作業用にカスタマイズしようと思うと、これが結構な手間となります。ただ、カスタマイズができると、技術の習熟度が一目でわかり、労働者ごとの課題も明確となり、部門・会社としての課題が見えてきます。足りないところや習得した技術など、どれだけのことを学ぶ必要があるのか、どれだけの経験をすることができたのか、を把握することができ、非常に素晴らしいものです。

　一方で、作業員が数名しかおらず、Cクラスに2〜3名程度で他はアルバイト、管理者が若干名という農業法人の場合、まだそこに費やす時間的余裕がない、現段階では必要ないところが多いのではないかと感じています。

　では、そのような法人はどうすればよいのでしょうか。悩んだ結果、やはり農業者は「匠」、「職人」であることを再認識しました。第2章で書いた、大株みず菜のIさんのような匠レベルの作業を、どのようにタスク化できるのかという意味です。

　そこで、農作業技術レベルについては、図表5-34のようなイメー

▷図表5-34　技術レベルの段階的イメージ

技術レベル		
	ステージ	イメージ
達　人	S-1	直感で動く
	S-2	
熟練者	S-3	改善できる
	S-4	
上級者	S-5	教えられる
	S-6	任せられる
中級者	S-7	一人でできる
	S-8	流れを理解
初心者	S-9	何とかできる
	S-10	補助的役割

ジでの評価を提案しています。「これではちょっとわかりにくいので
は？」と感じる読者も多いことと思います。ですが、これが多く
の農業経営者と話をして、1つのかたちとして提案するようになっ
た著者の結論です。

　実は、図表5-34一番左の「初心者～達人」への5段階のレベル
は「ドレイファスモデル（※）」といい、1970年代にドレイファス
兄弟が、人間が技能を習得して極める過程に関して、パイロットや
チェスの名人といったあらゆる分野の技術において極めて高いレベ
ルの習熟した人たちを研究し、初心者から達人へ移行するにつれて
の変化をまとめたものです。図表5-34では、これを農業に当ては
めています。

　結局のところ、家族経営が継承されてきた理由には、技術の継承
があり、その意味がここに詰まっています。家族ではなく、他人同
士であれば、体系的に教える仕組みが双方にとってよいかたちであ
ることを先に説明しましたが、そのように体系化し、作業ごとにタ
スク化し、文章に落とし込むことで導くことができるのは上級者レ
ベルまでです。それ以上の熟練者・達人になるには、大株みず菜の
Ｉさんのように播種の時期や水遣りのタイミング、間引きの程度な
ど直感的に感じることが必要です。これが非常に難しく、そこがあ
る意味で達人レベルの持つ「感覚」なのだと感じました。ですので、
技術レベルにおけるステージの評価については、ドレイファスモデ
ルのように「直感で動く」ことを提案しています。もちろん、体系
化に取り組みたいところには、先のかたちを提案しています。以下、
ドレイファスモデルを参考に、初心者から達人へ、各技術レベルの
考え方を補足します。

〈参考〉　※　Andy Hunt著/武舎広幸・武舎るみ訳『リファクタリング・ウェッ
　　　　　トウェア―達人プログラマーの思考法と学習法―』(オライリージャ
　　　　　パン、2009)

① 初心者レベル

　初心者は、農業における技術の経験をほとんど持っていません。この「経験」は単に10年の時間を過ごすという時間的な経過ではありません。単に経過であれば、１年の経験を単に９回繰り返すという意味の「経験」になってしまいます。何が正しく、何が失敗なのかという指標がなければ、単に時間の経過になってしまうのです。その結果、常に不安で補助的な役割が中心となってしまいます。ただ、従うべきルールや指標があれば、それを頼りに「経験」を積ませることができます。ゆえに、初心者には明確なルールが必要です。このルールに則って体験させることが「経験」です。これを農業で考えた場合、例えば「農業検定」を受検してもらうことや、農作業の基礎知識（機械の使い方や農薬の取扱い等）がマニュアル化されているものを提供することが初心者レベルには必要です。

② 中級者レベル

　中級者は、ほんの少しだけ、決まったルールから離れられるようになります。マニュアル化されたルーティーン作業は単独でできますが、想定外のことや自分自身での問題処理にはまだまだ手こずります。さらに、ある程度の仕事がこなせるレベルになるので、自分の知識だけでは解決できない問題にぶつかり迷うと同時に、情報と仕事に欲している段階ともいえます。

　ただ、１つひとつの作物を栽培する流れは理解できても、１年を通し、圃場全体の流れを理解することはできず、まだ「できる」レベルではありません。社内全体の会議などで目標として売上予測や数字ベースで示しても、自らの仕事に落とし込む実感が湧きません。しかし、これからは全体を見る目を養ってもらう必要があり、改めて「仕事」に対する刺激を与えることが大事だと考えます。マニュアルを参考にする必要はなくなりますが、作物・動

物が生きていることとマニュアルとの整合性について、違う部分に興味が出る段階です。例えば、長雨が続く、雪が積もって播種の時期がずれるなどのイレギュラーに対しては、自身のこれまでの「経験」だけでは対処できず、迷うことは多いが、飛躍的に成長できるレベルです。

③　上級者レベル

　上級者は、物事に対して決まりきった反応をする初心者や中級者レベルとは違い、基本的なことは「経験」として身に付け、全体を見渡すことができます。さらに失敗、過ちに自ら気付き、探し出し、「マニュアルどおりに正す」レベルです。

　ルールはしっかりと理解しているので、立場的に「指導力」を求められることとなり、チームにとって非常に重要な役割を担います。初心者には適切な助言を与え、達人を困らせるようなことはありません。本書において、いわゆる「（中間）管理職」、Ｂクラスに当たります。また、先に書いた、雨が相当期間長く続くなどの場合にも対応策を提案できるなど、農業や畜産業のマニュアル化できない部分を模索しながら、自身で解決策を実践できるレベルに近付きつつあります。過去の「経験」が仕事に活かされてきます。

　とはいえ、感覚的な判断で問題解決できるレベルではなく、どの部分を活用して解決するのか判断に迷う場面が多くあります。経験に裏打ちされた感覚的な判断にはまだ達していないイメージです。

④　熟練者レベル

　熟練者は、マニュアルでは基本的な行動を伝えることしかできず、実際には「経験」が活きることを達観するレベルです。マニュアルの単純化しすぎた情報に対して、苛立ちさえ覚えるようになるほど、自らの考えで動くことができるようになります。これは、

自分の行動を振り返り、自ら修正できる状態を指します。さらに、自らの「経験」だけでなく、他者が行った行動からも学ぶことができ、臨機応変にいろいろな事情を自分なりに解釈し、自分のモノにすることができるようになっています。

また、十分な経験を備え、次に起こる「何か」を経験から導き出すことができ、計画や行動の修正も自信を持ってできるようになります。よって、急な病気の発生といったイレギュラーな事象にあっても適切な判断を下し、対処することができます。

⑤　達人レベル

達人となると、膨大な知識と情報を有し、絶えず、より良い方法を模索し、導きます。そうでありながら「理由があってそうする」のではなく、直感的に行動しています。「正しいと感じた」、それだけの理由で動くのです。誰にもわからないような作物の成長の状況を感じ取り、すぐに打つ手を直感的に提案し、これがまた当然のごとく的を射ている、というのが達人レベルです。急な病気の発生も、普及センター[4]からの情報提供で知るのではなく、自らの感覚で違和感を感じとり、発生前に対策をとろうと直感的に動きます。

農業は1年に一度の経験しかできません。1年働いて初めて一通り経験したことになります。つまり、1年目は誰でも「補助的役割（S-10）」ところからスタートします（▷図表5-34）。そこから、昨年の経験を思い出しながら、「何とかできる（S-9）」へ、さらに「流れを理解（S-8）」、数年の経験を経て「1人でできる（S-7）」へとステージが上がっていくものです。

〈解説〉4　都道府県の出先機関で、農業の専門技術者（普及指導員）が配属されています。農家にも環境にもやさしい栽培方法や省力栽培等、新しい生産技術の導入、簿記の記帳など農家のサポーター的役割を担っています。（一社）全国農業改良普及支援協会より

　ただ、単純に「あなたはＳ－８です」と伝えるだけではいけません。どうしてＳ－８なのかの説明は必要です。でないと、何をどうすればいいのか労働者にはわからないからです。そこで、この評価とセットとなるのが、アドバイスノートや面談シートです。アドバイスノートは、労働者の業務日報として使用しながら、評価する者（評価者、管理職や社長など）が業務日報にアドバイスというかたちで記入していくものです。この部分でＳ－８と考えた根拠を指摘し、アドバイスします。「今日の畝たて、最高にきれいにできていました。この調子でいけば、もう１人でも大丈夫ですね。」「今日の防除はちょっとまずかったと思います。あれでは葉の裏まで防除されません。葉の裏にも薬が散布されるように注意してください。」などといった具合です。もちろん、これを、日記アプリなどを活用してデジタル化するのも結構です。そのアドバイスの積み重ねを面談シートに活かして、技術レベルの評価を行います。要は、技術レベルの評価は評価者の頭の中にありますが、なぜそのレベルとして評価したのかという理由の説明とセットでないといけないということです。もちろん、その指摘には先に書いた作業分類のタスクを活用するとよりわかりやすい指摘となります。どこをどのように直す、どのように行動することで、次のステージに行けるか、これを指摘することが大切です。

(2)　能力（行動）

　ビジネスマナーのような、備えてもらいたい一定程度の能力は、どのような業種であっても同じです。ただ、重視される能力（行動）には差があります。もちろん、管理職と作業員では求められる能力も職務そのものも違います。

　著者の場合、人事評価に関する書籍に紹介されているコンピテンシーからピックアップした項目を候補として示し、社長の考える必要な「能力（行動）」を選んでもらう方法を提案しています。ただ、単純に求めている能力を描くだけではいけません。求める職務と相

まって初めて「行動」となるものです。よって、会社として、求める職務をしっかりと示していることが前提となります。会社により想定される職務内容は違うので、求める能力も当然違うことになります。ここで参考としている書籍を紹介することは控えますが、たくさんの人事評価に関する書籍があるので、適しているものをぜひ使ってみてください。

　書籍ではありませんが、作業員クラス向けの能力（行動）として提案している1つとして、経済産業省が平成18年に公表した「社会人基礎力」を紹介します。平成29年には、新たに「人生100年時代」ならではの切り口と視点を踏まえ、「人生100年時代の社会人基礎力」が公表されました。社会人基礎力は、「職場や地域社会で多様な人々と仕事をしていくために必要な基礎的な力」として提唱されたものです。本来は学生が社会人になる前段階として押さえておかなければならない力として、大学生の就職活動に利用します。ただ、書かれている内容が素晴らしいので、受け入れる側が求める能力の基準にしてもいいのではないかと思います。

　社会人基礎力は、大きく3つの能力「前に踏み出す力（アクショ

▷図表5－35　経済産業省が公表した「社会人基礎力」

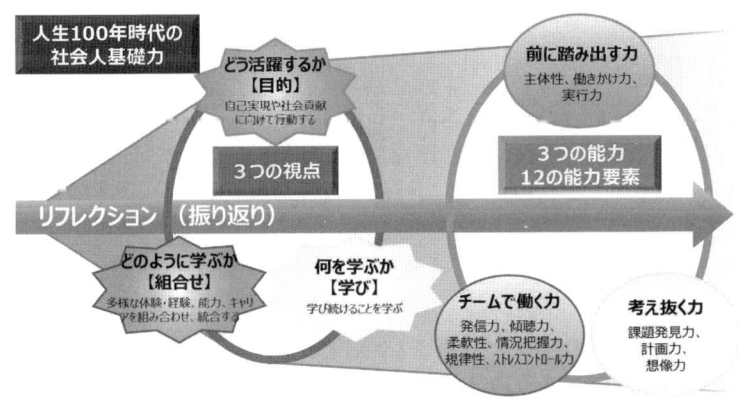

〈出典〉　図表5－35：経済産業省

ン）」（3つ）、「考え抜く力（シンキング）」（3つ）、「チームで働く力（チームワーク）」（6つ）に分けられ、計12の能力要素が示されています。

図表5-36の「評価内容」欄は、著者が作成したものです。例えば、評価内容の項目1つひとつに点数（この場合は1～3）をつければ、評価表としても使うことができます。

ですが、能力を評価するうえで大事なことは、多くの項目の中から、どのような人物を会社が欲しているかを明確にしておくことです。5教科100点取れる優秀な人材はまず難しいということを認識し、文系科目と理系科目のどちらが得意な人材を欲しいと考えているのか、会社として明確に想定しておきましょう。もちろん、多様な人材を広く評価するという意味で、文系科目が得意な人材も、理系科目が得意な人材も、評価としては同様に行う（評価される項目が違うが、評価点として同じ評価となる）ことも考えらます。

また、項目が多すぎることも評価者としては難しいものです。特に能力評価については、人によって考え方や捉え方も違うので、あまり複雑にすることはお勧めできません。

これらを見ると職能資格制度と捉えられるかもしれませんが、あくまでも「現場で働く労働者まで（ここではCクラスである作業員）」に適用するものと考えています。

管理職になれば、管理職としてすべき職務をしっかりと明確にし、結果に基づいて評価なされるべきです。当然ですが、立場が変わると求められる能力もより高度なものになります。管理職には、図表5-37のような能力が必要かと考えます。どの能力を重視するかは、皆さんの考え方次第です。

▷図表5－36 「社会人基礎力」から作成した評価内容

3つの能力	能力要素	内容	評価内容	1次評価点数	2次評価点数
前に踏み出す力（アクション）	主体性	物事に進んで取り組む力	学ぼうとしている姿勢がみえる	1 2 3	1 2 3
			何事に対しても好奇心がある	1 2 3	1 2 3
	働きかけ力	他人に働きかけ巻き込む力	人に対して、しっかりと説明できている	1 2 3	1 2 3
			相手の立場や気持ちを尊重している	1 2 3	1 2 3
	実行力	目的を設定し確実に行動する力	目的を明確化している	1 2 3	1 2 3
			困難な状況になってもあきらめない	1 2 3	1 2 3
考え抜く力（シンキング）	課題発見力	現状を分析し目的や課題を明らかにする力	常に問題意識を持ちながら仕事に取り組めている	1 2 3	1 2 3
			常に情報を収集する心構えがある	1 2 3	1 2 3
	計画力	課題の解決に向けたプロセスを明らかにし準備する力	とりかかる前に全体としての流れを整理している	1 2 3	1 2 3
			優先順位を判断し、プロセスを明らかにしている	1 2 3	1 2 3
	創造力	新しい価値を生み出す力	好奇心が強く、業界の情報に敏感である	1 2 3	1 2 3
			より良い方法などを常に意識しながら行動できている	1 2 3	1 2 3
チームで働く力（チームワーク）	発信力	自分の意見をわかりやすく伝える力	伝え方が極めて具体的である	1 2 3	1 2 3
			伝わったかどうかの確認ができている	1 2 3	1 2 3
	傾聴力	相手の意見を丁寧に聴く力	相手がだれであれ、人の意見は聞くようにしている	1 2 3	1 2 3
			言葉をさえぎることなく、意見を聞くことができる	1 2 3	1 2 3
	柔軟性	意見の違いや立場の違いを理解する力	他人の意見も受け入れようと努力している	1 2 3	1 2 3
			対立を求めず、常に話し合おうと努力している	1 2 3	1 2 3
	状況把握力	自分と周囲の人々や物事との関係を理解する力	会社の中での自分の役割を理解している	1 2 3	1 2 3
			TPOをわきまえ、行動できている	1 2 3	1 2 3
	規律性	社会のルールや人との約束を守る力	社会のルールを逸脱することなく、他人に迷惑をかけない	1 2 3	1 2 3
			ルールやマナーは守るべきものであるとの認識がある	1 2 3	1 2 3
	ストレスコントロール力	ストレスの発生源に対応する力	感情に任せた行動をしていない	1 2 3	1 2 3
			自分なりのストレスへの解決法（休日に趣味を満喫）がある	1 2 3	1 2 3

第5章

農業の人事

▷図表5－37　管理職の評価内容（能力・行動）

能　　力	内　　容
部署ビジョンの明確化	ビジョンの明確化と浸透
	部署ビジョンの振り返りと実態との調整
適材適所	部下の能力・行動などの現状把握
	部門内の業務の把握と適材適所な役割分担
マネジメント	計数管理と進捗管理における実数の把握
	部下への動機付けの徹底と人材育成への取組み
責任感	部下、部門のすべきことを全うする責任感
部下とのコミュニケーション	顧客や部下から聞く力と　顧客や部下、会社に伝える力
	対外的に説得力のあるプレゼンテーション能力
	人望力

(3)　結　　果

　与えられた職務（業務・タスク・仕事）を全うできたか、できていなかったか、これが結果による評価です。ただし、結果への評価は、それぞれの階層（▷図表5－27）によって与えられる職務・職責によって変わります。技術習得レベルの段階にある作業員については、職務における結果よりも作業を覚えることが第一となります。そのため、結果よりもミスをしていないかといった、少し違った視点でも構いません。図表5－38では、ミスなどをしないという視点を結果として評価する場合の項目をあげたものです。もちろん、作業者であっても目標を設定し、その目標を達成したかどうかを「結果」として評価しても構いません。専門職であれば、「現場の専門家として技術に精通する」というキャリアステージが設けられ、技術を活かした結果を求められることもあり得ます。

▷図表5−38　作業者の評価内容（結果）

責　　務	内　　容
整理整頓	作業後の後片付けなど、整理整頓ができている
	農機具などを乱雑に取り扱うことをしていない
浪費への心掛け	電気・水道など無駄遣いをしない
	備品などを浪費しない
態　　度	1日・1週間・1月と与えられた業務はこなす
	無断遅刻・欠勤なく、始業時間には仕事を始めている
報連相	報告・連絡・相談が間違いなくできている
車両の扱い	社有の車両などで、自損を含めて事故など起こさない

　農業現場の管理職やマネジメント層（以下、管理職等）は、管理する部門において、担当する職務に対する結果が常に求められます。結果がすべてという考え方もありますが、達成度や取組み、そこに行きつくまでの過程を評価する見方もあります。単に数値の結果だけではなく、そこに至るまでの経過が正しくないと、結果として確実なものとならないためです。十分な結果を常に残し続けるためには、正しい経過を辿る必要があるのです。ここでいう「結果」とは、求められた職務、責任に対しての「結果」です（作業員クラスとは異なります）。必然として、求められた職務、責任を明らかにする必要があります。そのために、管理職の能力の中には「計数管理」や「進捗管理」が含まれています。

　例えば、多品目を栽培する経営体の中で、キャベツ部門があり、キャベツで売上3,000万円達成するという目標を立てたとします。目標の達成には、年間60ℓ（50円／1kg）のキャベツの収量が必要とされます。この目標を部門として達成できたのか、できなかったのか、これも栽培管理としての指標の1つです。また、場合によっては、収量よりも秀品率などが評価指標となったり、権限として人員管理も含まれているのであれば、離職率なども評価の対象となったりするでしょう。つまり、会社の状況や考え方によって設定しなくてはならないということです。

　大事なことは、その会社において、組織がどのように分化され、どのように部門が設定され、その部門もしくは設定される課別にいるそれぞれの長にどのような権限が委譲され、どんな「結果」と「経過」を求められるかたちかということです。

(4)　評価の活用と昇格・職務権限規程

　(1)技術〜(2)能力（行動）に対する評価から、1人ひとりの労働者の技術レベル（ステージS－1〜S－10）と、役職（Cクラス〜Aクラス）を決定することとなります。さらに、評価結果は賃金を決定するために活用します。

　賃金に反映させるに際し、(2)の能力（行動）と(3)結果については、数値化が可能です。(1)の技術レベルに関しては、いわゆる仕事調べの後にタスク化し、できる・できないで判断する取組みを紹介しましたが、実際は難しいので、評価者判断になります。つまり、技術レベルに関しては、評価者の頭の中で決定することになります。よって、「あなたは、なぜそのステージなのか」という説明は、面談やアドバイスノートなどで指摘することが必要と言いました。数値化できないので、客観的な根拠に乏しくなってしまうからです。わかりやすい根拠がないため、運用するうえでは、納得してもらえるよう説明を行う必要があることに注意が必要です。

　また、クラスを上げる、いわゆる昇格させるときの条件としても、これらの評価を使います。役職名は会社によって様々ですが、図表5－27（▷P.180）でいえば、Cクラス→Bクラス→Aクラスというところです。次項ではBクラスを「サブリーダー」「リーダー」とし、Aクラスを「マネージャー」と称しています。このCクラス→Bクラスへの昇格や、Bクラスの中での「サブリーダー」→「リーダー」への昇格の際に利用します。

　具体的には、「現在属する役職において期待されている職務を全うしている／達成している、および自分自身にその意思がある」など、評価結果と覚悟によって昇格を決定することになります。その

昇格の根拠として、レベルとクラスごとに必要となる(2)能力（行動）と(3)結果の設定が必要です。つまり、それぞれの役職の役割、取り組むべき職務、責任などを明確にしておくことが望まれます。これがないと、クラスによる評価ができないだけでなく、昇格後に新たな職責を認識してもらうこともできません。(2)能力（行動）と(3)結果の設定には、職務分掌・職務権限規程の作成が有効です。

　会社を構成する組織単位で分担する業務内容を明文化したものが「職務分掌規程」、各職位にいる人が担当業務における権限を明文化したものが「職務権限規程」です。特に職務権限規程の作成は必要だと考えます。例えば、農業資材の備蓄が残り少ないとします。資材によって、数十万円のものもあれば数千円のものもあり、数十万円のものは社長の決裁が必要ですが、数千円のものであればリーダーの決裁で購入できるケースです。また、パートタイマーのシフト変更について、社長が管理すべきと考えるところもあるでしょうが、パートのシフト変更であれば現場レベルで行ってくれ、とリーダーの了解で可能とするケースもあるでしょう。もっと根本的なものとして、第1圃場と第2圃場の栽培管理責任者としての立場をリーダーが担うとしたとき、作付計画はどの立場の者が決定するのか、リーダーが提案して全体会議で決めるのか、この辺りがあやふやになっていると、結局のところ社長がすべて決めることになってしまいます。これでは「管理職」をつくるという最初の話から進むことができません。

　職務権限とは、責任と表裏を為すもので、もちろんですが昇格（例えばＣクラス→Ｂクラスになること）で責任が増すことになります。同時に権限を持つこととなります。これからＢクラスになる人には、その権限がどの範囲にあるのかを示す必要がありますし、会社としても、昇格に伴って賃金を上昇させることになるので、当然としてやってもらうべきことは任せてやってもらわないと、賃金だけが上がる仕組みになってしまいます。

　さらに、職務権限規程に基づく職責を全うせず、放棄し、また逆

に、規定以上の権限を行使するなどがあった場合、就業規則によって降格とするなどの懲罰の基準も明確になります。そういった意味でも職務権限規程は必要です。

◆ 賃　金

労働者が評価によって得るものが賃金です。ただ、労働者にとって最も重要といえる労働の対価である賃金を、単純に評価によってすべて決めることには反対です。つまり、評価の結果で0（ゼロになることはあり得ませんが）か10になることは、望ましくないと考えています。理由は、労働者には生活があるからです。未婚化・晩婚化が進んでいるとはいえ、社会人となり、結婚し、家庭を持つ人は多いはずなので、年齢によって決まる部分や永く勤めるという貢献の仕方への対価はあるべきだと考えています。

特に、農業の場合、30代や40代で就農する人も多く、農業未経験といえども、家庭を持ってから挑戦するケースも多い現状にあります。そのような場合、社会人経験はあっても農業に関する技術はまったくない人が多いでしょう。また、農業にかかわった経験があっても、それが入社した会社で活かせるのかどうかわかりません。例えば、露地野菜経験者が水稲メインの会社に移ったり、営業でバリバリやっていた人が初めて農作業に取り組んだりする場合などが考えられます。

ですので、まずは賃金体系を図表5−39のように整理して、提案しています。

大きな意味の賃金として、「賞与」は、業績に応じて支給の有無や支給額を決定します。「退職金」制度は、人材の定着を目指して導入する農業経営体が増えてきています。なお、導入するにあたり、中小企業退職金共済などへの加入から始める場合が多く見受けられます。本書では、「賞与」や「退職金」については触れず、所定内賃金の中の「基本給」に焦点を当てて話します。

▷図表5－39　賃金体系の一例

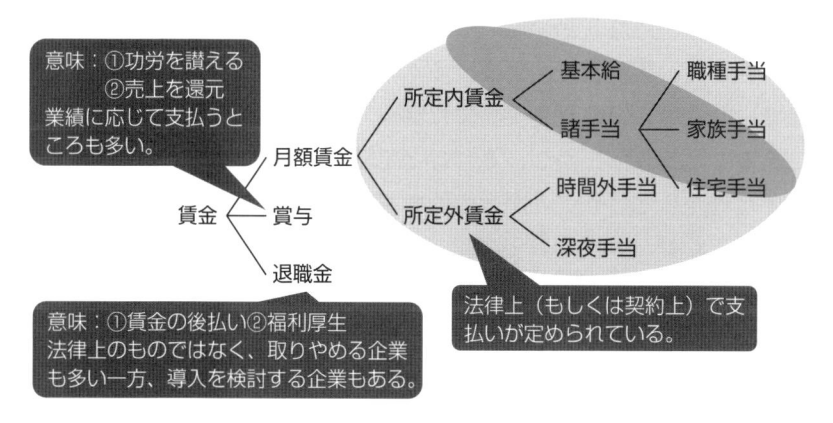

　基本給は、図表5－40のように「年齢給」と「仕事給」に分けて決定することをお勧めしています。「年齢給」は年齢と在籍年数で決定する部分、「仕事給」は前項でお話した「評価」により決定する部分であり、2つを合わせて基本給とします。この2つの割合は会社の考え方により、年齢や在籍年数を重視するのであれば、割合も昇給幅も「年齢給」が多くなり、反対に仕事給を重視すれば、「年齢給」は低くなります。

▷図表5－40　基本給の内訳

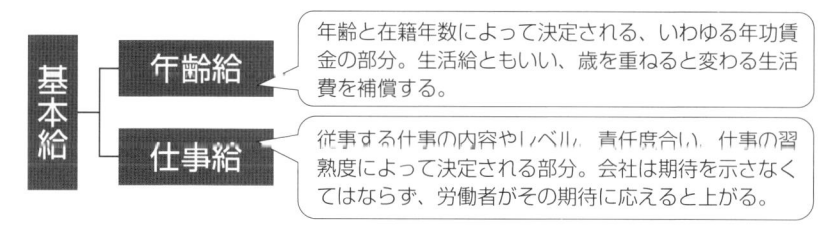

(1)　年齢給

　先にも書きましたが、農業では30代や40代で新たに農業分野にチャレンジする人も少なくありません。農業未経験者であれば、「何もわからない」という人がほとんどです。となると、技術レベルや

能力（行動）だけで評価をすることもできず、「S－10」から開始ということになります（▷P.187　図表5－34）。

　例えば、事務職であれば、多くの農業法人に職種はあるはずなので、前職等の経験を農業経営に活かして仕事給を得られる可能性もあるでしょう。しかし、それほど組織的になっておらず、まずは農業現場からという法人が一般的です。

　となれば、家庭を持っていて、生活費が多くかかる場合は、「S－10」の給与では困ってしまいます。もちろん、手当で保障するという考えもありますが、基本給の中で会社が評価している部分として保障すべきだと考えます。図表5－41は、年齢と在職年数で設計した年齢給表のサンプルです。始まりを120,000円とし、昇給ピッチは2,000円（年齢・在籍年数各50％）で設計しています。

　この例について簡単にいうと、縦に年齢、横に在籍年数（もしくは経験年数）として、それぞれ1年に1,000円ずつ昇給するパターンとなります。18歳の未経験者であれば年齢給は120,000円、26歳未経験であれば128,000円が年齢給となります。また、40歳の未経験者であれば、142,000円から年齢給が始まるといったかたちで、形式的に年齢と経験で決めていきます。在籍年数は、もし他の農業法人で経験があるなら、その経験を含めて算出しても結構です。要は、入社した時から、1年ごとに斜め右下に表が進んで、自動的に年齢給を決める方法です。例では、昇給ピッチを2,000円として、年齢分と経験分をそれぞれ1,000円としていますが、年齢給を重視するのであれば、昇給ピッチ5,000円として、年齢分3,000円、経験分2,000円とすることも可能です。

▷図表5−41　年齢給の一例

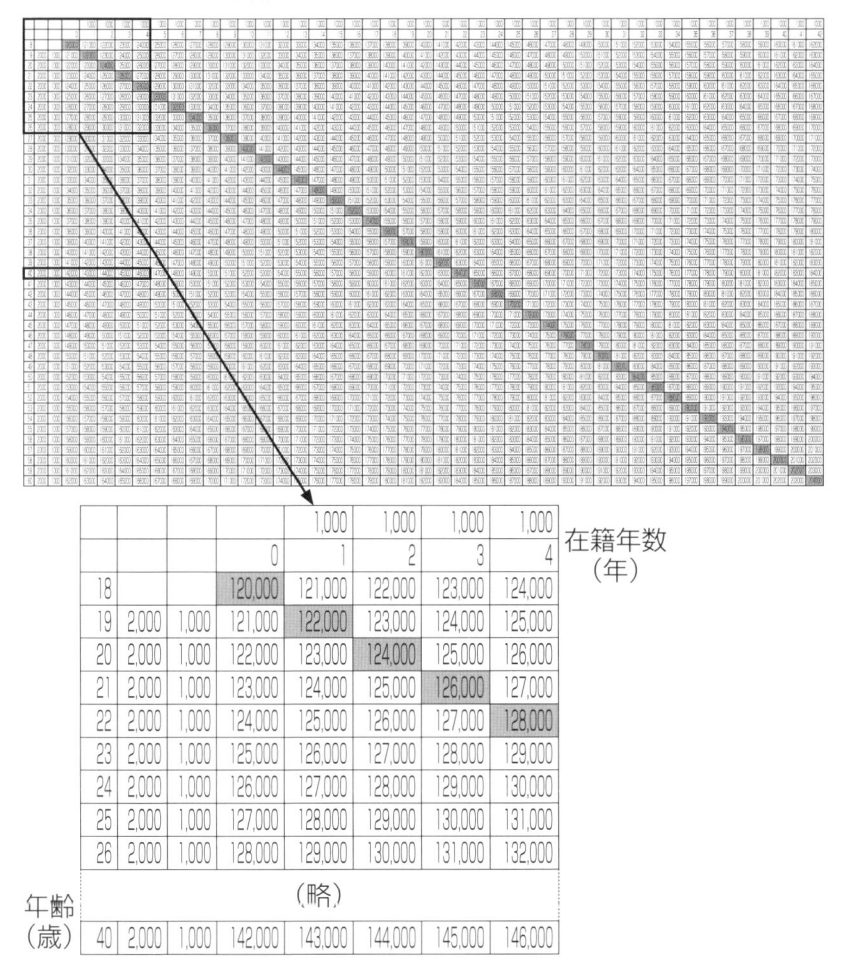

			1,000	1,000	1,000	1,000	在籍年数
			0	1	2	3	4　(年)
18			120,000	121,000	122,000	123,000	124,000
19	2,000	1,000	121,000	122,000	123,000	124,000	125,000
20	2,000	1,000	122,000	123,000	124,000	125,000	126,000
21	2,000	1,000	123,000	124,000	125,000	126,000	127,000
22	2,000	1,000	124,000	125,000	126,000	127,000	128,000
23	2,000	1,000	125,000	126,000	127,000	128,000	129,000
24	2,000	1,000	126,000	127,000	128,000	129,000	130,000
25	2,000	1,000	127,000	128,000	129,000	130,000	131,000
26	2,000	1,000	128,000	129,000	130,000	131,000	132,000
					(略)		
40	2,000	1,000	142,000	143,000	144,000	145,000	146,000

年齢
（歳）

(2)　仕事給

　　仕事給に関しては、この節の人事評価によって決めることとなり
ます。その評価は先に書いた「技術」「能力（行動）」「結果」を縦
の軸として決定します。縦軸については、「技術」レベルによって
Sのステージが定まり、「能力（行動）」と「結果」によってAA～
Bを評価します（例えば、C－2クラスのS－8レベル/AAといっ

た具合です）。横軸は、作業員、管理職、マネージャーと右に行くほど役職がつき、職責が重くなるというかたちになっています。著者が作成した図表5−42で具体的に見ていきましょう。

　図表5−42では、Ｓ−10／Ｃ−2の人の評価がＡであれば、仕事給は82,000円、Ｓ−8／Ｃ−1のクラスの人の評価がＡＡであれば101,000円といったように仕事給の賃金を決めます。また、Ｓ−10／Ｃ−2・評価Ｂの仕事給の最下層を80,000円と設定し、Ｃ−2のピッチを2,000円、Ｓ−10のピッチを6,000円としていますが、この辺りも自由に設計できます。年齢給よりも仕事給に重きを置くのであれば、もっと大胆に設計することもできます。逆に、簡素にすることもできます。

　同図の点線では、----のようなキャリアを積んでもらいたい人をモデルとして、5年目でＳ−7／Ｃ−1、8年から10年目でＳ−5／Ｂ−2、15年目でＢ−1ぐらいを想定しています。また、キャリア形成のあり方として、管理監督者にならず、現場を貫き、専門職Ｃ−1／Ｓ−2というキャリアステージもあってよいと考えており、Ｃクラスでありながら技術としてＳ−1まで設定しています。逆に、農業技術についてはＳ−5クラスでありながら、Ａクラスの部長職という、農業技術よりもマネジメント力に長けた人材の確保にも対応できるかたちとしています。もし、農業技術は不要である程度の農業知識で部長職を想定しても構わないとなれば、Ｓ−8でのＡクラスも設計できます。この方式であれば、農業法人の要望によっていろいろと設計が可能であり、もし小規模のところであれば、Ａ部長クラスとＢ−2を省略し、Ｃ−2、Ｃ−1、Ｂ−1のみで設計しても問題ありません。

　なお、ＡＡ〜Ｂの評価の付け方は、数値化ができる⑵能力（行動）と⑶結果をもとに段階分けして行います。段階分けは、1〜3の3段階評価であっても、1〜5の5段階評価であっても構いませんので、設定した項目ごとの評価を足しあげて、○点以上がＡＡ評価、○点以上○点未満がＡ、○点未満だとＢというように評価によって

決定します。ですので、あらかじめレベルおよびステージごとに評価項目の設定が必要となります。その設定をするところに、我々社労士が関与すべき仕事があると考えます。

　農業法人への賃金提案は、単に賃金制度を導入するだけではありません。組織の在り方、分業の勧め方、職務権限の委譲、労働者が将来を安心できるキャリアマップの提示など、すべてが絡む中の1つです。しかし、農業法人の社長の多くは、「賃金制度」だけを考えてしまいがちです。それは支払う物として目の前にあるからです。ところが、賃金制度はいろいろとこれから組織化を進める中での1つに過ぎないため、農業法人を顧問先としている社労士は、農業法人の賃金制度を積極的に提案しなくてはならないと考えています。

▷図表5-42　仕事給の一例

技術		S	能力(行動)	C 現場作業員 2 作業員 行動指針の理解	C 現場作業員 1 先輩 行動指針の体現	B 中間管理職 2 サブリーダー 人の行動も見れる	B 中間管理職 1 リーダー 圃場管理・連携ができる	A 部長 1 マネージャー
達人	直感で動く	S-1			200,000			450,000
		S-2			180,000			420,000
								380,000
熟練者	改善できる	S-3	AA		160,000		236,000	380,000
			A				229,000	
			B				222,000	350,000
		S-4	AA		136,000	170,000	213,000	350,000
			A		133,000	165,000	208,000	
			B		130,000	160,000	201,000	300,000
上級者	教えられる	S-5	AA		127,000	155,000	194,000	300,000
			A		124,000	150,000	187,000	
			B		121,000	145,000	180,000	250,000
	任せられる	S-6	AA		119,000	140,000		
			A		116,000	135,000		
			B		113,000	130,000		
中級者	一人でできる	S-7	AA	102,000	110,000			
			A	100,000	107,000			
			B	98,000	104,000			
	流れを理解	S-8	AA	96,000	101,000			
			A	94,000	98,000			
			B	92,000	95,000			
初心者	何とかできる	S-9	AA	90,000				
			A	88,000				
			B	86,000				
	補助的役割	S-10	AA	84,000				
			A	82,000				
			B	80,000				

（能力(行動)欄の左側に縦書きで「設定された能力・行動・結果による評価」、技術欄と能力欄の間に「+」）

第6章

農業の6次産業化と労務管理

第1節　6次産業と適用除外をどのように考えるか

実態をもって判断

　近年、農家が自家栽培した農作物を加工（第2次）し、販売する（第3次）というビジネススタイル（以下、6次産業化といいます）が確立され、それを促進する法律まで制定されました。

　そこで現場で問題となるのが、労基法第41条に該当する農畜水産業と、そうではない加工・販売業との線引きの仕方です。大規模化、法人化が進む農業界にあっては、個人農家が6次産業化に取り組むよりも、雇用を行っている農業法人が新たに取り組む事例が多くなってきています。また、農業経営の多角化が進み、単に生産した作物を市場に出荷するという従来の農業スタイルでは経営が難しくなったがゆえの例も多く目立ちます。

　そうなると、「農作業以外を行う事業場に雇用された労働者は、労基法第41条は該当するのか」という疑問がわきます。働く労働者にとってみれば、自分の身分にかかわる大きな問題であり、雇用する農業経営体にも、労働時間管理や割増賃金の支払いなどの面で大きな影響を及ぼすこととなります。

　そこで、農林水産省と厚生労働省は、平成26年に共同で6次産業化に取り組む農業経営者向けに「農業法人が加工・販売に取り組む場合の労務管理のポイント」（令和元年7月改定版あり）というパンフレットを作成し、基本的な考え方を示しています。ただ、その中身については労基法を適用するにあたっての基本的なことのみが書かれており、結局のところ「実態による」となります。

　では、「実態」とは何をもって判断するのでしょうか。パンフレッ

トには、〈原則〉として「農業には、労働基準法のうち労働時間等の規定は適用になりません。」とあり、〈注意〉として「労働基準法の適用単位は、事業場であり、事業の業種も事業場ごとに判断されます。」と記載されています。つまり、労基法第41条における「その事業に従事する」の事業が、何の業種に当たるのかは、事業場ごとに判断するということです。

　もう少し詳しい部分を転記すると「労働基準法の適用単位は事業場であり、主に場所的観念で判断されます。同一の経営主体であっても、農産物の販売を行っている事業場については商業として、農産物の加工等の業務を行う事業場については製造業として、それぞれ、労働時間等の規定を含め労働基準法が全面的に適用されます。」とあります。

　これは、労基法の通達をもとにした内容で、「事業」とは「工場、鉱山、事務所、店舗等の如く一定の場所において相関連する組織のもとに業として継続的に行われる作業の一体」をいい、「一の事業であるか否かは主として場所的観念によって決定すべきもので、同一場所にあるものは原則として一個の事業とし、場所的に分散しているものは原則として別個の事業とする。しかし、同一の場所にあっても、業務・労務管理が独立した部門は独立の事業とされる。他方、場所的に分散していても著しく小規模で独立性のないものは、直近上位の機構と一括して一の事業とされる。」（昭63.3.14基発第150号 他）というものです。

　以上から、6次産業化への取組みについて、その事業が農業かそれ以外かの判断は、この考え方と照らし合わせ、実態を見て判断することとなります。

　当然ですが、農業経営事業者が、食品加工業や販売業に取り組み、農業の枠を超えて事業展開するときに、農業部門も含めて労基法適用除外から脱し、意識的に他産業並みの労働時間、休日などの労働条件を確保する場合、このような問題は起こりません。あくまでも、農業経営事業者が、経営の多角化として食品加工や販売に取り組む過程において、自然的に労働基準法適用除外から外れ、労働者に不利な条件

第6章

農業の6次産業化と労務管理

で働いてもらうことになってしまうケースを想定しています。そして、コンプライアンスの観点から、しっかりと法順守に取り組むための方法を伝えるため、本書を書いています。

　この前提を理解したうえで、実態を判断する場所的判断と独立性の判断を少し細かく見る前に、もう一度、労基法別表第1第6号と第7号を見ていきましょう。

◆◆ 改めて「農業」とは

　そもそも、労基法別表第1の第6号と第7号はどのような作業までを指しているのでしょうか。まずは第6号からみていきます。

労働基準法　別表第1

6　土地の耕作若しくは開墾又は植物の栽植、栽培、採取若しくは伐採の事業その他農林の事業

　広辞苑によれば、土地の「耕作」は「土地を耕し作物を作ること」、「開墾」は「山野を切り開いて新しい田畑を作ること」でわかりやすく理解できます。次に、「栽植」は「植物を植え付けること」をいいます。さらに「栽培」は、「食用・薬用・観賞用などに利用する目的で植物を植え育てること」をいいます。「採取」については、「いわゆる耕作、栽植、栽培の結果、（成長した果実を）収穫する」という意味で理解できます。

　当然のことですが、これらのことを実践しただけでは、事業とはなりません。事業とは、営利を目的とした組織の営みをいうので、「販売する」こと、いわゆる営業が必要です。とすれば、別表第1にあげられている各号については、「販売する」ことまでを定義に含みます。

事業とされる以上、販売できる形態まで整え、実際に販売して事業が完結します（農産物の販売については、直接販売もありますが、昔からの流通形態として、JAなど共撰出荷場へ持ち込む、または卸売会社に販売を委託する市場流通があります）。ですので、収穫作業、撰果作業、販売（ここから一部、6次産業化に進む話になりますので、ここではあえて「販売」止まりにしておきます）までが、別表第1第6号のいう「事業」です。

　また、こちらはあくまでも参考ですが、食品衛生法第4条第7号に以下のような条文があります。

食品衛生法

第4条　この法律で食品とは、全ての飲食物をいう。ただし、医薬品、医療機器等の品質、有効性及び安全性の確保等に関する法律に規定する医薬品、医薬部外品及び再生医療等製品は、これを含まない。

（中略）

⑦　この法律で営業とは、業として、食品若しくは添加物を採取し、製造し、輸入し、加工し、調理し、貯蔵し、運搬し、若しくは販売すること又は器具若しくは容器包装を製造し、輸入し、若しくは販売することをいう。ただし、**農業及び水産業における食品の採取業は、これを含まない。**

※太字・下線は著者による

　この採取業の範囲が、「農業及び水産業における食品の採取業の範囲について」（令和2年5月18日付薬生食監発0518第1号）で改正されました。具体的には、乾燥キノコの加工（スライス）について、農家（生産者団体含む）が自ら生産した農産物を原材料として使用する場合を除いて、採取業と扱わないとしたものです。つまり、自ら生産した農

産物を原材料とする場合は、食品衛生法上は採取業として扱うと理解できます。

　あくまでも食品衛生法での取扱いを規定したものですが、検討会の意見の中には、「農場から収穫された青果物の形状が実質的に変わるものではないことから、収穫から出荷までの成果の餞別等の生産者の団体が行う作業は採取の範囲でないか」といった意見も出ていたようです。青果物の形状が実質的に変わるような事業、工程にあっては農業から外れるという考え方も1つの判断になるはずです。

　「伐採」は、「山や森の竹・木などを切りとること」をいいますが、林業は労基法第41条の適用除外から除外されているのでここまでとします。

労働基準法　別表第1

7　動物の飼育又は水産動植物の採捕若しくは養殖の事業その他の畜
　　産、養蚕又は水産の事業

　次に、第7号ですが、広辞苑において「飼育」とは、「家畜などを養い育てること」をいい、「採捕」とは「動植物を採集・捕獲すること」、「養殖」とは「魚介・海藻などを生簀や籠、縄、池などを使って人工的に飼育すること」をいいます。第6号に比べて、第7号は比較的に判断しやすいかと思います。検討すべき事例として、1つあげるなら、養鶏業・採卵業における敷地内にGP設備を設けている場合です。GP[5]までを養鶏・採卵業とみるのか、そもそも違う事業なのか、という判断が難しいところです。

〈解説〉5　Grading（選別）とPacking（パック詰め）の頭文字を取った略称で、た
　　　　　まごを洗浄、乾燥、検査、計量してパック詰めを行うことをいいます。

第2節

大きな2つの判断基準

場所的判断

　1つの事業（A事業）が営まれている場所と同じ場所で始められた他の事業（B事業）については、原則として元のA事業と判断されます。反対に、場所的に見て別の場所でB事業を営んだ場合、B事業は別事業と判断されます。根拠は下記のとおりです。

> 一の事業であるか否かは主として場所的観念によって決定すべきもので、同一場所にあるものは原則として一個の事業とし、場所的に分散しているものは原則として別個の事業とする。
>
> 昭63.3.14基発第150号　他

　これが大原則となっているので、場所的な判断が最初に気を付けるべきところとなります。ただ、「場所」についても明確な定義がされているわけではなく、議論があるところです。

　例えば、一定の用途をもった土地を表す表現に「敷地」があります。「同一場所」が「敷地内」と定義されているわけではありませんが、敷地内は同一場所とみてよいのでしょうか。であれば、敷地を出てしまうと、同一とは違った判断になるのでしょうか。また、「同一場所」を定義するものとして、「敷地」以外に何があるのかも検討すべきです。

　ちなみに、「敷地」とは建築基準法の用語で「一の建築物又は用途上不可分の関係にある二以上の建築物のある一団の土地」をいいます。

用途不可分とは、分けられないほど密接に結び付いていることです。例えば、住宅と自動車の車庫は建築物の用途はまったく違いますが、密接に結びついた関係といえます。農業法人の場合は、事務所、選果施設、農機具小屋が一団の土地にあれば、敷地内といえます。ただし、販売所は判断に迷うところです。委託販売が当然とされてきた農業が、サービス業である3次産業も行う（いわゆる6次産業化）の流れの中で、直売所の併設も多く見受けられるようになりました。委託販売が主流だった頃と同じ様に、実態として用途上不可分であるから、「同じ場所」といえるのか、考えることになります。

　そして、「一団の土地」とは、1つのかたまりとみなせる土地のことです。例えば、土地の真ん中に川や道路が通っているとなると、物理的に土地が分断され、土地を一体として利用することは難しいのではないでしょうか。ただ、その分断している川が小川程度であり、橋を利用して渡ることができるなど、一体として利用できる場合は一団としてみます。庭にある池などがこれに当てはまるでしょう。

　また、農業の場合は圃場が1つだけとは限らず、むしろ1つだけではないほうが多く、同じ地域に点々としています。点々としている田畑を1つにまとめて「同じ場所」とはいえないはずですが、それぞれの田畑そのものは同じ経営体が農業利用するものであり、たとえ場所は違うとしても1つの事業体が営んでいる同じ事業と考えることができます。

◆◆ 独立性の有無

　同一の場所にあっても、労働の態様がまったく異なり、業務、建物、会計等が独立した部門は独立の事業とされるとあります。この独立性については、いろいろな要素を踏まえて、独立しているものかどうか判断します。大きくは、2つの条件（場所的判断と独立性の有無）で判断することとなります。ここではわかりやすく、表にしてみます。

▷図表6−1　大きな2つの判断基準

	独立性がある	独立性がない
場所的に同一	原則として同一事業 独立性が強いと別事業	同一事業
場所的に別	原則として別事業 独立性が弱いと同一事業	同一事業

　このように整理してみると、独立性の有無（加減）によって、判断が分かれることがよくわかります。では、独立性の判断はどのようにされるのでしょうか。

(1)　労働の態様の判断

　その業務に従事する労働者の働き方、勤務条件（就労時間や休日、休憩など）の違いが、独立性の判断要素になります。前章でも書いたように農業には法定労働時間がなく、その実態に合った所定労働時間を定めることができます。独立性を判断する業務の実態が、設定した所定労働時間とはまったく違う働き方をしている場合、事業が独立しているとする要素を補強することとなります。反対に、不定期な勤務条件でありながら同時に事業をこなせる働き方をとっているのであれば、独立していないという判断になり得ます。

(2)　業務の判断

　「業務」とは、日常的に行われている仕事の流れのことをいいます。つまり、突発的や時限的に行われるものではなく、その事業だけの業務として独立した作業、仕事、流れがあるのかどうか、もしくは、両方の事業は継続性の中で一環しているのかが判断基準となります。例えば、パンを製造する場合、「こねる」「成形する」「焼く」という工程があります。それぞれに担当を決めて「こねる」から「焼く」までを分業することはできますが、「成形する」業務だけでは成り立ちません。このような工程の中にあるのであれば、1つの業

務の流れとして判断できます。例えば、さつまいも生産者が、「焼き芋」を販売する事業として、芋の収穫、洗浄、選別、加工（焼く作業）までを考えます。このとき、加工（焼く作業）を別作業とする（場合によっては焼き芋以外の「焼く」作業も請け負うことができる業務として独立させる）ことができるのであれば、別業務と判断されるのではないでしょうか。ただし、「焼き芋」を販売することそのものを農業とするかどうかは、別次元の話です。

(3)　場所・建物の独立性

　地理的な場所の判断は、敷地内にあるかという基準によるとして、ここでいう場所・建物とは、建物内において当該事業部門だけが独立した部屋となっているかをいいます。別部屋になっていれば独立性を補強する要素となり、反対に選果場所と同一の部屋に加工場所がある場合などは、独立性を否定する要素となります。

　ただし、衛生管理上、別にせざるを得ないことはよくあるので、一概に部屋の割振りで判断するのは難しいでしょう。例えば、青ねぎの選果施設の中に、カットする場所を設けた場合、カット野菜は消費者の利便性のために行うものとして食品衛生法上の採取業ではありません。しかし、HACCP[6]としての必要上、別管理をせざるを得なくなったために、別部屋や区分けを設けてカット業務を行う場合は、その部屋が選果施設の中で独立性を持っているのかどうかが判断の1つの基準となります。

〈解説〉6　「食品等事業者自らが食中毒菌汚染や異物混入等の危害要因（ハザード）を把握した上で、原材料の入荷から製品の出荷に至る全工程の中で、それらの危害要因を除去又は低減させるために特に重要な工程を管理し、製品の安全性を確保しようとする衛生管理の手法です。」（厚生労働省HPより）

(4)　会計上の独立性

　別事業として会計管理している場合は、独立性を補強する要素となります。逆に、会計上同一に管理している場合は、独立性を否定することとなります。資材の仕入れ・発注などの管理を独立して行っているか、資材費など会計上で割り振っているかなどが判断の材料となります。

　6次産業化の場合、別事業として会計管理していることは少ないはずですが、採算性をみるために便宜上別会計としている場合もあり得ます。新しい事業の成否を判断する目的の検討段階であっても、会計上独立しているとする要素として見られることになるでしょう。将来的に、他の生産者から原材料を仕入れ、6次産業化部分の独立を見据えていると捉えられても仕方がないです。

(5)　労務管理の独立性

　労務管理とは、そこで働く労働者のパフォーマンス向上を目的とした、働くための条件の整備、管理、施策の実行などを管理することをいいます。具体的には、求人、採用、労働条件、賃金、就労環境、安全衛生、諸規則整備などです。労務管理の独立性とは、これらの管理が、それぞれの業務ごとに行われているものかどうかで判断されます。

　例えば、「始業・終業の時刻」「休憩時間」「休日」「時間の管理方法」「賃金形態」「手当の有無」など、1つひとつの項目で労務管理の独立性の有無が判断されます。また、イチゴ農家がカフェなどに取り組む場合に、カフェで働くホールスタッフを募集するとなると、その人はカフェでの仕事に限定して雇用することになります。このように、農業以外の業務に限定して雇用している場合は、独立した業務としての判断が強くなります。

(6)　事業目的の判断

　　事業の有する目的や理念がそれぞれ別のものであり、1つの事業からの展開として考えにくく、一貫性がない場合は、独立性を肯定する要素となります。

　　例えば、事業の目的が青ねぎの需要拡大によって地域を活性化するという目的の下、青ねぎを広めるためにねぎ焼き屋を開店するとします。この場合、事業の目的はあくまでも青ねぎの需要拡大です。これが、美味しいねぎ焼きだけではなく、お好み焼きも鉄板焼きも始め、青ねぎの普及とは違った方向に進んでいるとなると、事業目的が青ねぎ生産事業とはまったく別のものになるので、独立した事業としての要素が強くなります。

(7)　その他

　　その他、例えば、通常農業等に従事する者が農閑期に農業以外の作業をこなす、もしくは農業等以外に従事する者が農繁期に農業等の作業もこなすなどの実態があれば、どちらが主たる業務になるのかは問題として存在しますが、独立性を否定するものとなります。

　　他にもありますが、これらをみて独立性の有無を判断します。ただし、「原則的には場所的観念により判断されるもの」ということは忘れてはいけません。

　　また、後から始めた事業があまりにも大きくなった場合、(この「大きくなった」を、具体的に何をもって判断するのかということが新たな問題となりますが) 元の事業ではなく、後発の事業が主たる事業として判断される可能性があることも考えておかなければなりません。

徴収法による分類

　当然のことですが、労基法による定義と徴収法による定義は同じではありません。つまり、6次産業化に取り組む農業経営事業者が、農業以外の事業について労災保険に加入したとして、その新たに加入した労災保険適用事業所が、主たる事業が該当している労基法第41条第1号から当然に外れるかといえば、それは違います。ただし、別事業として判断する1つの要素にはなるでしょう。

　労災保険制度において、労災保険率の適用にあたって必要な事業の種類の決定は、労災保険率適用事業細目表（昭和47年労働省告示第16号）により行われます。ここでは、「労災保険率適用基準」（昭和57年10月22日労働省発労徴第72号・基発第678号）を抜粋し、労災保険制度における「事業」の概念などを説明します。

労災保険率適用基準（抜粋）

第一　事業の単位
　一　事業の概念
　　　労災保険において事業とは、労働者を使用して行われる活動をいい、工場、建設現場、商店等のように利潤を目的とする経済活動のみならず社会奉仕、宗教伝道等のごとく利潤を目的としない活動も含まれる。
　二　適用単位としての事業
　　　一定の場所において、一定の組織の下に相関連して行われる作業の一体は、原則として一の事業として取り扱う。
　（一）継続事業
　　　　工場、鉱山、事務所等のごとく、事業の性質上事業の期間が一般的には予定し得ない事業を継続事業という。
　　　　継続事業については、同一場所にあるものは分割すること

なく一の事業とし、場所的に分離されているものは別個の事業として取り扱う。

　ただし、同一の場所にあっても、その活動の場を明確に区分することができ、**経理、人事、経営等業務上の指揮監督を<u>異にする部門があって、活動組織上独立したものと認められる</u>**場合には、独立した事業として取り扱う。

　また、場所的に独立しているものであっても、出張所、支所、事務所等で労働者が少なく、組織的に直近の事業に対し独立性があるとは言い難いものについては、直近の事業に包括して全体を一の事業として取り扱う。

※太字・下線は著者による

　適用単位としての事業の記載から、労災保険制度でも、場所的要件を基本として、同一場所であれば基本的には1つの事業と判断できます。

　ほぼ同じだと考えられるのですが、もう少し具体的な記載があります。それは「経理、人事、経営等業務上の指揮監督を異にする部門があって、活動組織上独立したものと認められる場合」です。これは本節「独立性の有無」（▷P.214）と同様です。

　ちなみに、労災保険率適用事業細目表において、農業などは以下のように定められています。これだけ見ると、労基法別表1のとおりのように思えます。

▷図表6−2　労災保険率適用事業細目表

その他の事業	95	農業又は海面漁業以外の漁業	9501	土地の耕作又は植物の栽植、栽培若しくは採取の事業その他の農業
			9502	動物の飼育若しくは畜産の事業又は養蚕の事業
			9503	水産動植物の採捕又は養殖の事業（海面漁業及び定置網漁業又は海面魚類養殖業を除く）

　これらのように、場所的、独立性の判断により、１つの事業とみなすか、別事業とするかが判断されます。その判断は、先に書いたような事項を総合的に勘案して、実態的にどうかを基準に行われます。実際の判断を行うのは、現場の労働基準監督官ですが、我々としては、このような知識をしっかりと身に付けておき、法律を守ることはもちろん、農業経営にとって最善の判断をすべきだと考えます。

第6章　農業の６次産業化と労務管理

〈出典〉　図表6−2：「労災保険率適用事業細目表（昭和47年労働省告示第16号）（平成28年４月１日改正）」より

第3節 具体例を検討してみる

　ここからは、具体例をあげながら、判断のために注視すべき点を整理していきます。

◆ 例1　トマト農家が直売を開始する

　雨よけハウスでトマトを栽培しているＡさんは、ご両親とともに家族経営で農業を営んでいます。基本的には市場出荷を主な販売先としていましたが、価格が不安定なことから、ハウス内の選果場を整理して販売場所とし、直接販売を開始しました。

⇒　市場出荷は価格が不安定なので、お子さんの就農と同時に、他の販売先を検討する農家は多くあります。やはり、安定した収入がないと経営に不安を抱え続けることになります。

　この時点では、Ａさんとそのご両親のみで、そもそも人を雇用していないので、労基法そのものの適用がありません。そのため事業場の判断も不要です。

◆ 例2　トマトの売れ行きが好調で、栽培面積を増やす

　新鮮な完熟トマトを直接購入できるとあって近所で評判となり、全量直売所で販売できるほどの人気となりました。また、近くで農業を営んでいた人から「引退するのでうちの畑もみてほしい」とお願いされ、追加でハウスをいくつか管理することになりました。両親とＡさんだけでは農作業が追い付かず、日中だけ、アルバイトを雇うことに

しました。アルバイトには、トマトの栽培作業と、空き時間に直売所での販売を対応してもらいます。

⇒　農業も雇用しての経営が当たり前の時代に入ってきています。特に、若い人材がいる農家、農業経営者には、事例のように引退するから畑の守りをお願いできないかと、畑が集まってくることはよくあります。そうなると労働力が必要となってきます。そこで、雇用が始まります。

　農業であっても、雇用されたアルバイトは労働者となり、労基法が適用されます。トマト栽培は労基法別表第1第6号に当たり、労基法第41条に該当するので、一部分は適用除外です。

　また、収穫した全量を直売所で販売しているとはいえ、直売所は選果場の一部分を間借りするかたちで整備しており、同敷地内、同建物内にあるため、場所的に同一です。加えて、労働の態様もトマトの栽培作業、業務の流れも収穫作業から販売作業とすると、直売所が独立しているとはいえないと考えます。よって、直売所での作業も大きくみれば「農業」の一部分と判断することができると考えます。

例3　農閑期にも販売できるものとして、ジューススタンドを始める

　直売所が好調で、正社員を1名雇用しましたが、トマトは季節もので、1年中収穫できるわけではありません。雇用を開始したので仕事そのものを増やさないといけないという話になり、露地で小松菜などの軟弱野菜の栽培も開始しました。さらに、新鮮な自家栽培のトマトと小松菜を、スムージーとして販売できないかと考え、食品衛生法上の衛生許可をとるため、ハウス横に都道府県の施設基準に合致した施設を整備し、ジューススタンドをオープンしました。正社員を1名増やし、どうしても手が足りないときがあるので、販売員としてのアルバイトを増やしました。

⇒　選果場に間借りしていた直売所とは別に、ハウス横に施設を整備しました。ただ、圃場とは同じ敷地内ですので、場所的には同一とみることができます。

　　正社員は、ジューススタンドの販売店員としての業務をこなすことがあるとしても、露地栽培を始めて規模も大きくなり、主だった仕事は農業です。

　　問題はアルバイトです。ジューススタンドは同じ敷地内で営まれていますが、アルバイトの業務だけを見ると販売となり、農業ではないかもしれません。ですが、労働の態様とすれば農業と一環しています。また、ジュース販売は収穫後の加工と1つの業務の流れともいえます。労務管理も正社員2名と同様に管理されていることが想像でき、事業として独立しているとはいえないはずです。ジューススタンドも含めて農業としてみるべきだと考えます。

◆◆ 例4-1　ジューススタンドが好評、都市部にも出店

　　これまで自社栽培の農産物のみを使っていたジューススタンドですが、商品数を増やすこととなり、果実など自社栽培できない作物を仕入れて加工することも始めました。また、直売所横のジューススタンドがTVで紹介され、評判となり、都市部で店舗を展開することとなりました。

　　これを機に農園も法人化し、株式会社○○○ファーム／直営ジューススタンドとして事業の多角化に乗り出しました。都市部での店舗運営の経験やノウハウがないので、カフェでの店長経験のある人など店舗運営ができる人材を、店舗を統括するマネージャー（正社員）として雇用することとしました。また、販売員としてのアルバイトも増やすこととなりました。

　　正社員やアルバイトには、農園で農作業を経験してもらい、実際に農業を体験することで、その経験をお客様への商品説明に活かし、自社（農業）とカフェ（お客様）をつなぐ役割を担ってもらいます。

⇒　都市部での店舗展開となると、位置的に見ても同一場所、同一敷地内ではありません。独立性を考えると、農園で農作業を経験してもらうとしても、それはあくまでも一時的な体験であり、業務として農業を行っているわけではありません。また、正社員が農作業の業務の流れで都市部にある店舗を管理することは不可能で、店舗を統括する正社員は労務管理的にも別にならざるを得ません。

　会計でみても、仕入の管理や売上の管理など、店舗収支を見るために農業とは別会計で管理するはずです。

　いろいろなことを総合的に考えて、農業とは別事業と考えざるを得ません。つまり、このようなかたちになると、同じ法人であるとしても、労基法第41条該当の農業としての管理と飲食店舗としての労務管理が必要となります。

例4-2　ジューススタンドが好評、同じ敷地内の店舗を拡充

　例4-1は、ジューススタンドが好評で、都市部に店舗を構えた事例です。いわば、同一の場所から離れた事例です。そうなると、農業とは別の事業を展開することは明らかです。一方で、同じ敷地内で店舗を拡充し、雇用人数を増やした場合はどうでしょうか。

　ジューススタンドが好評で、購入後に座って飲むお客様が増え始め、店舗内にイートインスペースを設け、ゆっくりとくつろいでもらうために内装も変え、商品も充実したものにするために、自社製品以外のものも提供し始めたとして、考えてみます。

⇒　同一の場所であることは間違いがなく、労基法適用除外になると考えてしまいますが、ジューススタンドの形態が、イートインできるスペースを設け、スムージー以外の商品（自社栽培の加工品ではなく、他社から仕入れた商品など）も提供することとなると、別会計となるでしょう。

　また、例4-1と同様に店舗運営ができる正社員を雇用し、店舗

運営を任せているような場合、労務管理としても店舗と農業では違った管理をしていることになります。

　このような場合は、いくら同敷地であったとしても、独立性の観点から、別事業と認識されても仕方ないと考えます。

ジューススタンド店舗を展開するという流れを簡単なかたちでとりあげましたが、実際には非常に難しい判断に迷う場面も想像できます。

　例えば、例3の場面で、トマトを栽培しているハウスの横の店舗を拡充し、アルバイトを増やし、ジューススタンド業務のマネージャーを雇用した場合、ジューススタンドは農業から独立したといえるでしょうか。この場合、場所は同一といえますが、独立性の有無はどうでしょうか。

　また、例4の場面で、ジューススタンドマネージャーがトマト栽培のマネージャーも兼ねていたり、農閑期にのみ、他の正社員と交代で店舗管理したりする場合はどうでしょうか。もしくは、そもそも労働契約で従事する業務に「農作業」との記載もあり、ジューススタンドの店員も現場を知ってもらうという意味で、定期的に農作業を行ってもらうことを必須としている場合はどうでしょうか。もちろん、事業の大きな目的は、「自社のトマトを多くの方に知ってもらう、食べてもらう」ことです。となると、別の場所に店舗を構えたからといってすぐに農業とは別事業、独立しているといえるのでしょうか。

　さらにいえば、農園から店舗、店舗から農園へと配置転換がある場合、店舗では法定労働時間の下で管理され、割増賃金がついていました。それが、農園に配置転換になったから、法定労働時間での管理から外れ、割増賃金がつかないとなると、労働条件の引下げにあたるのではないかという疑問も出てきます。

　業務分掌などしっかりと部門を分けて、所属する事業部により労働条件が違うことを明確にしておき、労働者が納得するかたちでの労務管理が必要となります。

　また、最近では、OEMを利用して自社農産物を商品化、販売するケースもよくあります。OEMの場合は、原材料の加工を業務委託し

て、商品として買い取り販売するかたちですので、商品販売そのもの
が農業とは違う事業とはいえません。ただ、事例のように違う場所に
店舗を構え、OEMの商品を陳列してお客様に販売する場合は、OEM
での商品を販売することがというよりも、店舗展開そのものが独立し
た事業ということになるでしょう。

例5　イチゴ農家が観光農園を始める

　大人気のイチゴですが、イチゴ農園をしている農園の多くが観光農
園（いわゆるイチゴ狩り）をメインとして事業展開しています。これ
までは、収穫したイチゴをJAへ出荷し、卸売市場へ委託販売するこ
とが多かったのですが、今は観光農園のためにイチゴ農家になる人も
多いようです。では、イチゴにかかわらず、ミカン狩り、ブドウ狩り、
梨狩りなどの観光農園そのものは農業となるのでしょうか。

　これも著者の見解ですが、観光農園は、栽培管理してきたイチゴ苗
を、お客様に収穫のみ体験してもらう、体験型アクティビティを販売
するものです。そこで働く労働者の仕事のメインは、イチゴの苗を育
てて、美味しいイチゴを作ることなので、農業だと考えます。

　最近では、イチゴ苗をプランターで管理し、プランターごとトラッ
クの荷台に載せて、出張イチゴ狩りという事業も行われています。こ
れもイチゴ狩りの場所を移動しているだけで、本来の仕事としてはイ
チゴ栽培ですので、同様だと考えます。ただ、もし、移動式のイチゴ
狩り体験だけを仕事とし、イチゴ栽培は行わず、他の時期は移動式キッ
チンカーでカフェを運営しているとなると、また違う話となり得ます。

　このように考えると、農畜水産業者が6次産業化に向けて動き出して、
実際に事業を展開したら、その時々の状況で判断せざるを得ないといえ
ます。また、「場所的判断」はともかく、「独立性の判断」については今
回取り上げた要素以外の判断材料もあるかもしれません。あくまでも「実
態」がどうであったか、今のところそのように判断せざるを得ません。

第4節
まとめ

◆ 6次産業化と労基法第41条適用除外をどう考えるか

　6次産業と労基法第41条適用除外については、これら2つの事情（場所的判断と独立性の有無）だけで判断するべきではないとも考えられます。それは、労働契約が持つ特性も考慮する必要があるからです。

　労働契約の一般的特色の1つに、組織的労働性というものがあります（組織的労働性については、菅野和夫『労働法（第11版）』、弘文堂）。使用者は、労働契約により多数の労働者を雇い入れて、事業目的のためにその労働力を活用します。つまり、使用者によって組織化が行われ、組織的労働の基準（就業の時間や形態など）と規律（服務規律）が設定されます。そのような組織的労働においては、労働条件その他の待遇に関して、労働者に統一的で公平な取扱いが必要となります。つまり、基本的には、事業目的を同一にする事業者の中で、複数の労働条件や規律が存在すべきものではないということです。

　数百人規模の労働者を抱える事業場が、部署を別にして様々な事業にチャレンジする、ということであれば、部署ごとに独立性が認められ、たとえ労働条件が違ったとしても公平な取扱いという点では問題ないかもしれません。ですが、「2021年農業法人白書」によると、農業法人の正社員数の平均は10.5名、常勤アルバイトの平均は9.4名です。正社員数1～4名の農業法人が46.9%、常勤アルバイト1～4名の農業法人は51.7%です。農業法人は、事業場としてはまだまだ小規模といえます。その小さな組織の中で、限られた人材を駆使してこれから事業を展開していこうとしている中で、そもそも独立性が存在し得るのでしょうか。もし、独立性が存在するとしても、小さな組織の中で

複数の労働条件を混在させることが、果たして適切なのかと疑問に思います。

もちろん、1次産業以外の事業が拡大し、今や新事業のほうが主たる事業と判断されるのであれば、それは適切に事業全体が適用除外から外れるべきだと考えますが、場所的にも規模的にも、独立している場合はともかく、あまりにも小規模で同一場所で独立性の判断がつきにくいということであれば、基本的にはこれまでどおりの1次産業が主たる事業で問題ないのではないかと考えます。

◆ 6次産業化か、農山漁村発イノベーションか

著者が、6次産業化プランナーとして活動を始めたのは、「六次産業化法」が公布されて間もない頃でした。今は、6次産業化プランナーという言葉は実質なくなっており、「農山漁村発イノベーション中央プランナー」として登録を受けています。

6次産業化とは、1990年代ごろ、農業経済学者の今村奈良臣氏が、1次産業＋2次産業＋3次産業ということで6次産業として提唱しました。1次産業・農業生産がないと他の産業が成り立たないということで、1次産業×2次産業×3次産業＝6次産業として定式化され、全国各地で6次産業化運動が開始され、今に至ります。

実際の問題として、農業者自身が製造するだけの技術を有しているのか、販売するだけのマーケティング能力を有しているのかといえば、難しいといわざるを得ません。もちろん、そこを人材の募集、雇用で埋めていくのも1つの方法です。ただし、農業経営にあたり、「他産業との連携」も1つの手法として知っておくべきです。

六次産業化法については、第1章第1節「農商工連携と6次産業化」で述べましたが、その前文において、「地域資源（農産物）を活用した新たな付加価値を生み出す六次産業化の取組」に関して、「二次産業である製造業、三次産業としての小売業等の事業との総合的かつ一

体的な推進を図った上で、地域資源を活用して……」とされています。決して農業者単独で6次産業化に取り組むのではなく、多様な分野と事業主体と連携を図りつつというかたちも含め、新しい価値を創造し、発信する、これを農山漁村発イノベーションとして、社会に広めよう、地域を盛り上げようというのが根底の考え方にあります。

　もちろん、農業経営者が独自に6次産業化に取り組み、大きなイノベーションを起こした例は数多くあります。当然、素晴らしい努力をしてきたことでしょうし、厳しい判断のうえで経営されているものと察します。ただ、6次産業化というのは、単独でなくとも、他産業との連携のもと、一体的な推進を図る方法もあるという認識も必要です。いわば、役割分担です。

　繰り返しになりますが、6次産業化として単独でする必要もなく、他産業との連携というかたちもあります。そして、農業と6次産業化、労働契約、適用除外を考えた場合、これまで営まれてきた農畜水産業の事情も含めて考える視点を忘れてはなりません。これまで適用除外とされてきた歴史を考慮せず、一方的に取扱いを押し通すことは、労基法第41条とされた意味、六次産業化法の目的から脱してしまいます。今の取組みを、単純に今の法に当てはめるのではなく、農畜水産業の事情、課題もしっかりと見極める必要があるでしょう。

◆ 事例　京檸檬プロジェクト協議会

　令和4年11月14日、宝酒造株式会社から「寶CRAFT」＜京檸檬＞という商品が地域限定で発売されました。「京檸檬」と聞いて、第一声の多くは、「京都でレモン作ってるんや」「京都でレモンて作れるの？」「京都がレモンにまで手を出した」のようなものでした。

▷図表6－3　令和4年11月に発売された「宝CRAFT」(京檸檬)

　実は、この商品ができるまでには相当な年月と紆余曲折がありました。プロジェクトの発端は、著者の顧問先である株式会社日本果汁（京都市下京区弁財天町331　代表取締役　河野聡氏）の河野社長の「橋本さん、京都でレモンって作れない？」という言葉からでした。すでに、河野社長は京都府や府内の市町村に声をかけていましたが、府の普及センターに聞いても「京都でレモン？　気候が合わないのでは」「いや、難しいでしょう」という答えが返ってきました。そんな中、著者も知っている農業法人に声をかけ、賛同してくれた農業経営者の方々、さらに、宝酒造さま、道の駅「京都みなみやましろ村」（株式会社南山城　京都府相楽郡南山城村北大河原殿田102　代表取締役　森本健次氏）、株式会社京都水尾農産（京都市右京区嵯峨水尾岡ノ窪町19　代表取締役　村上和彦氏）、株式会社村田農園（京都府久世郡久御山町北川顔馬嶋9-1　代表取締役　村田正己氏）などを中心に、協議会を発足し、平成31年に一般社団法人化しました。法人化により、組織として京檸檬のブランド化に向けて活

〈出典〉　図表6－3：宝酒造　HPより

動を本格化しました。

　なぜ、レモンなのか、河野社長から聞いた話は、これまでの青果物流通の弊害を浮き彫りにするものであり、これからの農業の可能性を感じるものとして、著者が研修でよく話す内容です。多少色付けはしていますが、以下で紹介します。

Ω　　　　　Ω　　　　　Ω

　「レモンサワーが流行っている。少し前まで"シチリア産"で売れた。これが"国内産"だともっと売れた。さらに"瀬戸内産"にするともっと売れた。瀬戸内産のレモン果汁がもっと欲しい」とのメーカーさんの要望に応えるため、河野社長は現地（瀬戸内）視察することにしました。飲料メーカーの担当者にも同行を依頼し、現地・瀬戸内に向かうと、レモンが鈴なりになっていましたが、少し様子がおかしいのです。担当者が「たくさんなっているじゃないですか、できるだけ採ってください。」指摘すると、生産者は「今年はまだよいけど、寒波が来たらすべて落ちてしまう。かと言って、早めにレモンを取る人手も足りない」と言います。

　高齢化が進み、レモンの木はあってもすべてを収穫できず、よく見ると管理されていない木もある状況です。管理されていない木には、実がつかなくなっていきます。メーカーさんは現場を見て初めて、このような担い手不足による生産量の減少は、単に瀬戸内に限ったことではなく、日本の農業の縮図であり、日本の農業の現状がそうなっていることに気付きました。そして、「このままでは、我々の商品が作れない」と危機感を持つきっかけとなりました。河野社長にとっても、市場や業者に言えば手に入っていた国産の青果物が、高齢化によって、どんどん提供できないものが増えていることを知ってもらえた経験となりました。

　そこで、メーカーさんと河野社長が「何とかしなければ……」と考え始めました。河野社長の会社の経営理念は、「美味しいものを食べ続けたい」です。そこで、せっかく京都に会社があるのだから「京都で檸檬を作れないか」という話になりました。

　賛同してくれた生産者には、若くて、やる気のある非常に魅力的な生産者たちが多かったのですが、本格的に果樹を栽培しているのは、協議会の

会長を引き受けてくださった京都水尾農産の村上社長ぐらいでした。栽培技術に関しては、基本的には村上社長に指導をお願いし、河野社長の伝手で広島県内のレモン農家さんに指導に来てもらったり、こちらから見学に行かせてもらったりしながらの船出でした。

　協議会を運営する側として、一番気を遣ったのが、生産者のモチベーションでした。植樹してから5年経たないと収穫できず、収穫できないことには加工することも商品を作ることもできません。運営する側とすればひたすら待つのみです。

　栽培管理は生産者に任せるといっても、果実が取れない間は生産者の収益にならないので、歳月が過ぎると、やはり生産者にモチベーションの違いが出てきました。いつもは九条ねぎなどの軟弱野菜を作っている生産者は、軟弱野菜を管理することと比べて、木の管理は容易に感じたのか、モチベーションを保てている印象でした。一方で、少し寒いと感じる冬がくると、行政の指摘どおり、一気に木がやられてしまいます。栽培にチャレンジしていた舞鶴（京都府北部）は雪が積もることも多い地域ですので、非常に大変な苦労をかけました。

　そのモチベーションを継続させるために、定期的な会合、打合せ、小宴会も含め、生産者とそれ以外の参加者が顔を合わせる場所をつくり、生産者の状況（今の畑の状況）を聞いてもらう機会をとにかく何度も重ねました。そんな中、会合ができない期間もありました。新型コロナウイルスの流行です。参加している生産者の多くが青ねぎの生産法人ということもあり、青ねぎを使った商品開発もしていただきました。そのように何とか、いろいろな障害を乗り越え、ようやく商品化に至ったのです。

　先ほど、生産者のモチベーション維持に気を配ったと言いましたが、本当は、メーカーさんにそれ以上の感謝をしています。果実として出来上がっているものを仕入れれば話は簡単なところ、収穫できない5年間も伴走し続け、集まりの度に多くの役職者の方が来てくださり、名刺交換し、生産者と同じテーブルで話を聞いて、情報提供してくださったのです。その取り仕切りは、河野社長をはじめ、株式会社日本果汁の皆さんが行ってくださったのですが、これまでの生産者と加工業者、メーカーとは想像もつかない関係性が出来上がってきたことで、本当に素晴らしい協議会になりま

した。

　　　　　♎　　　　　　　♎　　　　　　　♎

　課題はまだまだあります。しかしこれが、先に書いた関係業者を巻き込んだ農山漁村イノベーションの実例だと感じます。これまで、土だけを見て、自分で自身の作物をPRする場もなく、委託販売しか世に提供する方法を持たなかった生産者が、上場しているような大きなメーカーと一緒に仕事をすることができました。これまでの流通であれば市場やJAに出荷すればその先まで知ることができなかった生産者は、自然環境と対峙して行う農業の苦労話を聞いてもらう機会もありませんでした。メーカーにとっても、農家の苦労話を聞く機会がありませんでした。青果物の流通の基本は市場出荷で、農家はJAや市場に出荷すればその先（買い手）のことはわからないことが当たり前でした。どこに売れたのか、どこで販売しているのか……。農家としても話す場所がなかった、聞いてくれる人がいなかったというのが実情でした。これまで、語れなかったストーリーを語る生産者は、素晴らしい表情をされていました。

　この事例は、青果物流通業、6次産業化プランナー、そして社労士として農業にかかわった著者が、本協議会のような事例が日本全国に広まれば、単に農産物が広まるだけでなく、農業の魅力、地域の魅力、さらに人と人、会社と会社、関係するあらゆる人々が素晴らしい関係性を築けると思い、本書の最後に紹介したものです。

◆ 農業と労基法適用除外のこれから

　第4章で、農業では、天候・気候などよって仕事のできない日があって、自然的条件に左右されるために、法によって労働時間や休憩、休日を定める必要はなく、適用除外となっていること、裏を返せば、法で定めることができないために、適用除外となっていることを書きま

した。

しかし、同じ1次産業である林業は平成6年に適用除外から外れており、平成9年3月31日までは週44時間が、平成9年4月1日からは週40時間が法定労働時間として適用されています。林業が適用除外から外れた理由として、「機械化が進み、自然的条件を受けない」というのが理由だそうです（※）。

農林水産省は、令和元年度からスマート農業実証プロジェクトとして、全国で実証実験を行っています。当該プロジェクトは、ロボットやAIやIOTなど先端技術を活用した「スマート農業」を実証し、社会実装を加速させていく事業です。実際に、無人トラクターの活用により播種能力を倍増させる実験や、ドローンを活用したセンシング[7]による化学肥料および化学農薬の削減、収穫機の導入による収穫作業時間の削減など、水田作、畑作、露地野菜、施設園芸および畜産業もスマート農業の実現に向けて動き出しています。つまり、機械化がより進むということです。

また、施設栽培も盛んになっており、品目は限られていますが、生産量のシェアも大きな数字を示しています。

作業そのものは、施設栽培であれば、雨や雪など影響を受けずに作業ができます。ただし、実際の作物の育成においては、陽光量や日照時間などが大きくかかわるので、雨がずっと降り続いている状態と晴れた状態が続いているときでは、作業量がまったく違うことがあり得ます。

〈参考〉　※國武英生「農業と労働法—農業就業者の労働法の適用と労基法の適用
　　　　　除外に着目して—」（日本労働研究雑誌 No.675/October 2016）
〈解説〉7　センサー（検知器）により測定対象の情報を収集すること。これにより、必要な箇所に必要な量の肥料、農薬散布が可能となります。

▷図表6-4　野菜の施設栽培延面積（上位品目）と生産量に占めるシェア

品　　目	施設栽培延面積（ha）	生産量シェア（%）
トマト	6,481	77
ほうれんそう	5,851	31
イチゴ	3,664	81
きゅうり	3,281	62

　また、**図表6-4**の品目以外にも、レタス類やルッコラ・バジルなどのハーブ類、小松菜・ほうれんそうなどの軟弱野菜などは、いわゆる「植物工場」での栽培なども増えています。もちろん、水田作など大規模で取り組まなければならないものは、自然的な条件とともに、雨風の影響を大きく受けますが、これからの未来、どのような技術が開発されるかわかりません。

　このように「機械化が進んでいる」「自然的な条件が影響されにくくなってきている」ことに加えて、技能実習生（令和6年度より育成就労という制度に変更予定）においては、従事する作業が農業であっても、労基法適用除外から外し、労働時間関係規定の準拠が求められています（「農業分野における技能実習移行に伴う留意事項について」平成12年3月農林水産省構造改善局地域振興課通知）。ですので、技能実習生を受け入れている農業経営体については、労基法適用除外の日本人労働者と、別の労働条件で労務管理を行っているという状態になっていますし、技能実習生に合わせて日本人労働者にも適用除外を外した扱いをとっているところもあります。

　また、6次産業化による農業の多角的経営が増加しています。これまでの食糧を生産する農業から製造・加工、サービスの提供まで農業

〈出典〉　図表6-4：農林水産省「園芸用施設の設置等の状況（R2）」、「野菜生産出荷統計（R2）」農林水産省「施設園芸をめぐる動き」（令和5年3月）より

経営体が増えたことで、その垣根がなくなりつつあります。

　さらに言えば、労働力人口減少による労働力の確保のための労働条件の整備や働き方改革により、多様な働き方を提案し、労働条件の整備を余儀なくされている他産業では、今後も労働者にとって働きやすい環境を整えていくでしょう。そんな中、農業だけが今の条件のままで人材を集められるのかという懸念もあります。人材の募集は、他産業と同じ土俵で行います。いくら1次産業が魅力ある産業としても、仕事として農業を選択してもらう1つの条件に、「働く条件」は必須のはずです。

　このように総合的に考えると、労基法第41条該当が、将来的にずっと続くことは難しいのではないかと著者は思います。そして、そのときを見据えた取組みを、今からすべきだとも考えています。本書の第4章で書いた、「実態としての労働時間の把握」、そこから「生産効率を上げる取組み」を経ての「労働時間の削減」という流れが大事になります。

　他産業では、法により労働時間の上限を決められましたが、農業は今のところありません。だからこそ、今のうちに始めることで円滑に取組みを進めることができるのです。

　スマート農業、施設栽培などの技法、技能実習生などの多彩な人材、これらを今の間に駆使して、結果的に労働時間削減を成し得ることが、これから取り組むべき農業の労務管理です。

▷図表6－5　労基法41条から外れることを想定する流れ

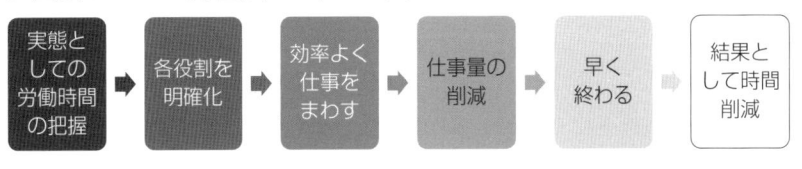

　我々としては、これまでの青果物の流通、価格の決定方法なども踏

まえ、適用除外の状況である今こそ、実態としての労働時間を捉え、そこから生産効率を上げることで、結果として労働時間の削減につながる取組みが必要だという意識を持つとともに、無理に削減するのではなく、あくまでも軟着陸できるように実行することが必要です。法においても、林業のように段階的に労働時間を削減させただけのような経過措置ではなく、今ある変形労働時間制を1次産業にそった運用ができるような経過措置（例えば、労働日および労働日ごとの労働時間の決定を柔軟に運用することができるなど）を設けて、時間削減を実行するようにすべきではないでしょうか。

●著者経歴

橋本　將詞（はしもと　まさし）

特定社会保険労務士
昭和47年（1972年)12月17日生。近畿大学法学部卒業

家業としては、地元（京都市南区上鳥羽）の農家の青果物を集め、京都中央市場へ出荷を支援する集荷業を営んでおり、小さな頃から父のトラックの助手席に乗り、農家や市場へ出入りしていた。卒業と同時に他界した父の跡を継ぎ、平成7年より個人事業として集荷業を営み、卸売会社や仲卸業者との取引折衝を行いつつ、市街地化と高齢化で減少していく田畑を目の当たりにし、上鳥羽という小さな地域でありながら、日本農業の縮図であると考えるようになる。また、亡き父の年金に関して、年金制度に疑問を持つところから、社会保険労務士を目指し、平成12年合格。翌年開業。集荷業者として地元野菜のマルシェやネットでの販売をしつつ、これからの農業には雇用が欠かせないと考え、農業に特化した社労士事務所を目指す。

平成23年、地元の生産者に有志を募り、特定農作業従事者団体「京都農業有志の会」を設立、ASIAGAP指導員、6次産業化プランナーなど農業に関する資格を取得し、現在は、顧問先の9割が農業法人となっている。また、農業経営塾の講師などをこなしている。

イラスト：菜和（ななぎ）

多様化する農業と労務管理　　　　　　令和6年10月20日　初版発行

　　　　　　　　　　　　　　　　　　　　　　検印省略

〒101-0032
東京都千代田区岩本町1丁目2番19号
https://www.horei.co.jp/

著　者	橋	本	將	詞
発行者	青	木	鉱	太
編集者	岩	倉	春	光
印刷所	東 光 整 版 印			刷
製本所	国	宝		社

（営　業）	TEL　03-6858-6967	Eメール	syuppan@horei.co.jp
（通　販）	TEL　03-6858-6966	Eメール	book.order@horei.co.jp
（編　集）	FAX　03-6858-6957	Eメール	tankoubon@horei.co.jp

（オンラインショップ）https://www.horei.co.jp/iec/
（お 詫 び と 訂 正）https://www.horei.co.jp/book/owabi.shtml
（書籍の追加情報）https://www.horei.co.jp/book/osirasebook.shtml

※万一、本書の内容に誤記等が判明した場合には、上記「お詫びと訂正」に最新情報を掲載
　しております。ホームページに掲載されていない内容につきましては、FAXまたはEメー
　ルで編集までお問合せください。

社会保険労務士業務に直結した総合情報サービス

SJS

社労士情報サイト

SJS会員限定動画

随時更新

社労士業務に役立つ情報をタイムリーに提供できるよう，予告なしで動画コンテンツにて提供します。ご視聴には，メールマガジンでご案内している ID・パスワードの入力が必要となります。

「あるべき労働法」と
「おこなわれている労働法」
『労働法実務講義（第4版）』刊行記念セミナー
（日本法令）
神戸大学大学院法学研究科教授　大内伸哉

社労士業務必携シート

2024年4月新書式追加！

6訂版まで版を重ねた名著『社労士業務必携マニュアル』をデータ化！1項目ごとにWordファイルでまとめたため，必要項目を刷りだしてファイリングしたり，タブレット等を利用して顧客に説明したりする際にとても便利です。全109シート，2023年11月から順次更新！（監修・制作　村中一英）

厚生労働省最新資料
（労働・雇用・派遣・年金・医療保険等）

毎週更新

厚労省から毎日のように公表される莫大な資料のうち，社会保険労務士の実務に影響の大きなものを抽出して掲示しています。

社労士事務所だより
（記事・ひな形）の配信

毎月更新

季節にあわせた数種類の事務所だよりのひな形と，タイムリーな記事10本を更新しています。ひな形と記事を選んだら，あとはお好みで貴事務所の案内を載せる等ご自由に作成いただけます。（A4判・B5判の Word 文書形式）

続々リニューアル！ **主要**
SJS 1

就業規則・労務書式バンク

2024年6月新書式追加！

写真の各書籍の就業規則・各種規程の条文データおよび，労務書式（労働条件通知書，社内書式，契約書）がダウンロードできます（労務書式は順次追加予定）。

業務関連ニュースを満載したメールマガジン『SJS Express』

毎週配信

社労士業務や人事・労務関連業務に影響のある最新ニュース，法改正情報，厚労省関連情報，当社の新商品，セミナーのご案内等をいち早くお届けします（原則として週一回配信）。

SJS Hot Topics

毎日更新

①法律・政省令・通達等改正動向や手続きの最新報，②労務関連施策の動向やパブコメ情報，③パンフレット・リーフレット等の新情報を，コンパクトなニュース記事としてほぼ毎日提供しているSJSオリジナルコンテンツです。

未払い残業代リスク簡易診断システム

これまでの未払い残業代請求訴訟の傾向を踏まえた4大リスクに着目した質問に答えると，自動的に発生していると考えられる未払い残業代が算出されます。印刷・保存が可能なので，そのままコンサルツールとして利用できます。

これだけ使えて 2,520 円／月（税込）

5大サービス
<ベーシック会員・プレミアム会員共通>

営業・業務支援ツール
2024 年 7 月 新書式追加！
社労士業務に必要な業務書式や営業用書式などを Word, Excel, PowerPoint 等のデータで提供しています。

社労士事務所募集・採用支援ツール 【随時更新】
事務所の魅力を確認する質問リスト, ②正社員募集文例, ③パート・契約社員募集文例, 事務所の魅力アピール文例, ⑤応募者対応メール文例, ⑥面接者用マニュアル, ⑦リファ ル採用関連規定＆書式, ⑧ジョブリターン採用関連規定＆書式を提供。

ビジネス書式・文例集 【随時更新】
社労士業務, 人事・労務管理業務に必要な各種申請・届出様式や, ビジネス文書・契約書・内容証明等がダウンロード可能(Word,Excel,PDF 形式。収録書式:2,000 以上)。

労働判例データベース 【随時更新】
S 会員サイトから第一法規株式会社提供の判例データベース『I-Law.com 判例体系（労働法）』に接続し, 労働にかかわる I 4,000 件以上の判決文を検索できます。フリーワード検索ほか 種検索機能が充実しています。

ビジネスガイド Web 版 【毎月更新】
毎月10日の発売日より前に PC, タブレット, スマートフォンで読むことができます。2002年以降の 2 万ページ以上のすべてのバックナンバー記事 (PDF 形式) に加え, Web 版のみに掲載されている掲載記事関連情報の閲覧もできます。
記事タイトルや著者名といったキーワードから検索して読みたい記事を選ぶことができます。

実務解説動画 【随時更新】
本法令実務研究会（○○ゼミ）の, 初回 I 時間分を無料でご視いただけます (対象となるゼミの詳細は, 会員サイトにログインご確認ください)。レジュメ (PDF データ) もダウンロードすることができます。

ビジネスガイド定期購読（1 年間）【毎月お届け】
多くの社会保険労務士, 企業の人事・労務担当者にご愛読いただいている実務誌『ビジネスガイド』の最新号を毎月お届けします。
労働・社会保険の手続きに関する改正情報, 人事・労務に関する裁判例の動向, 法改正で必要となる就業規則の見直し方法, 助成金・奨励金の新設・改廃情報, 人事・賃金制度の設計実務など, 幅広い情報を掲載しています。

プレミアム会員限定サービス

年に 3 回セミナー（動画）受講するなら絶対お薦め！

さらにこれだけ使えて 7,012 円／月（税込）

ンライントレージサービス 法令ドライブ
客や貴事務所の重要書類を安全, 確実に保・受渡できる (最大999件の共有フォルダ作可。フォルダごとの ID・パスワードの発行, クセス権限の設定可) サービスです。

セミナー＆セミナー動画商品の無料受講【3回分】
日本法令主催の実務セミナーのうち, お好きなものを選んで会員期間のうちに3回, 無料で受講できます。お申込み時点で未開催のセミナーに加え, 開催後に見逃し配信中のセミナー動画＆レジュメセット商品からもお選びいただけますので, 対象商品は優に 100 を超えます (一部対象外のセミナーもございます)。

開業社会保険労務士専門誌 SR』Web 版 【2・5・8・11月更新】
新の法令・実務を踏まえたコンサルティング, 業績拡大・新規獲得に下る営業拡大務所経営に関する情報とノウハウが満載の季刊『SR』が, バックナンバーを含め刊号から10,000ページ以上の記事をすべて読むことができます。
事タイトルや著者名といったキーワードから検索して読みたい記事を選ぶことがきます。

ミニセミナーアーカイブ＆プレゼンレジュメ 【随時更新】
会員限定 Web ミニセミナーの過去分を視聴できます。また, 社労士にとってよくあるプレゼンテーション用のレジュメデータが利用できます。

諸星 裕美 先生（オフィスモロホシ社会保険労務士法人）

新着記事では, すぐに具体的な内容にアクセスできるので, とても助かります。また必要な書式の参考例を入手できたり, 欲しいと思える書籍も割引になるなど恩恵を受けています。送られてくるビジネスガイドは, 事務所全員に回覧するようにし, 業務に必要な号は必要に応じて, 自分の手元に置くなどして, 常に参考とするようにしています。

私が SJS をお薦めする理由

だけじゃない！！ 会員特典・お申込方法等は次ページをご覧ください

さらに!! SJS 会員特典

★書籍・雑誌の割引販売

弊社発行の書籍，雑誌のすべて（在庫のあるものに限ります）を2割引でご購読いただけます。

★様式・CD-ROM の割引販売

弊社が発売している様式，CD-ROM 等を原則として2割引でご購入いただけます。

★弊社主催・共催セミナー，セミナー動画・動画配信商品の割引受講

弊社主催または共催のセミナー，セミナー動画・動画配信商品を特別価格にて受講いただけます。

★動画商品＆書籍の期間限定セール 大人気

セミナー動画やテキストとして使用している書籍を，通常の特別価格よりさらにお求めやすい価格でご購入いただけます。不定期開催で，メルマガや SJS ホームページ等でご案内しますので，お見逃しなきようチェックしてみてください。

★「社労士市場」における割引販売

弊社と提携している各メーカーの業務関連ソフト等を，特別価格にてご購入いただけます。

★プロフィール掲載（希望者のみ）

当サイト内の「社労士紹介ページ」にご自分のプロフィール等を掲載することができます（掲載期間は会員期間と同じ1年間。開業社労士の方のみ掲載可能）。会員専用ページ（マイページ）内で随時更新することができます。

会員期間中は無制限に利用できます。

年会費
ベーシック会員　税抜 **27,500** 円（税込 30,250 円）
プレミアム会員　税抜 **76,500** 円（税込 84,150 円）

会員加入資格
どなたでもお申し込みいただけます。ただし，「社労士紹介ページ」への掲載は，開業社会保険労務士の方に限らせていただきます。なお，法人にてご利用いただく場合は，ご担当者様個人とのご契約とさせていただきます。

申込方法

新規申込の場合

SJS ホームページ（https://www.horei.co.jp/sjs/）からお申し込みください。

ビジネスガイド定期購読会員から SJS 会員に変更する場合

ビジネスガイド定期購読料金と SJS サイト年会費の相殺を行いますので，SJS 会員担当にご連絡ください。

こちらからもアクセスいただけます　➡　

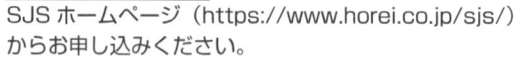

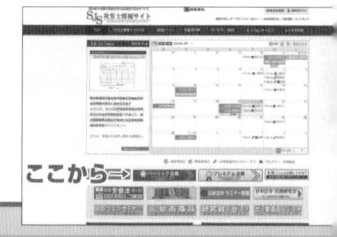

お問合せ先　㈱日本法令 社労士情報サイト会員担当
✉ sjs@horei.co.jp　☎ 03-6858-6965（平日 9:00〜12:00　13:00〜17:3

労務管理関係の書籍案内

※定価は 10％税込価格です。

3訂版　新規農業参入の手続と農地所有適格法人の設立・運営

行政書士　田中康晃　著

A5 判・284 頁・定価 2,640 円／2020 年 5 月刊

6次産業化や新規就農を目指す企業・個人、専門家の必読書！

　平成 21 年の農地法の大改正以降、農業の 6 次産業化を含めた企業の農業分野への参入や新規就農者（特に若年層）の増加が顕著にみられます。平成 28 年には農地を所有できる法人が農地所有適格法人へと名称が変わり、参入要件の大幅緩和や出資規制の緩和が行われました。

　本書は、企業が農業参入するために必要な農業や農地に関する法律、制度を解説しています。

また、法人設立後の運営に役立つ農薬取締法、食品衛生法、有機 JAS 制度等についても網羅しています。

6 次産業化や新規就農を目指す企業・個人、専門家は必読の 1 冊です。

8訂版　リスク回避型　就業規則・諸規程作成マニュアル

特定社会保険労務士　岩﨑仁弥／特定社会保険労務士　森 紀男　共著

B5 判・1,200 頁・定価 9,900 円／2024 年 7 月刊

就業規則、簡易版就業規則、各種社内様式、別規程、労使協定等の Word データを収録した CD-ROM 付

　働き方改革は一段と進み、ハラスメント全般に対する社会的認識の変化、労働時間や場所に対する制約の減少、同一労働同一賃金に関する最高裁判決を受けた賃金制度や福利厚生の見直しなどを背景に、働き方全般に関する議論が活発化しています。

　このような状況の中で、就業規則の役割も変わる必要があるのです。

　本書は、これらの変化に対応するための具体的な指針を提供し、企業のリーダー、人事担当者、社会保険労務士、そして働くすべての人々にとって、新しい時代への適応を助ける道しるべとなる、就業規則のスタンダードです。

社労士業務報酬の決め方と顧問先との付き合い方

社会保険労務士「高志会」グループ／森 俊介／中 弥希／福田綾子／飯野正明／尾関 真／佐藤美穂子　共著

A5 判・152 頁・定価 2,420 円／2024 年 8 月刊

　一線で活躍する東京の社会保険労務士グループ「高志会」に属する 6 人の社労士が、自らの経験や現状をもとに、社労士業務報酬の決め方や顧問先との交渉の仕方、接し方をＱ＆Ａ形式で執筆。

　キャリアも性別も年齢も異なる著者が、それぞれの角度からそれぞれの考え方で回答、報酬表や見積書の実例も複数掲載しているため、報酬の決め方や顧客との付き合い方に悩んでいる社労士やこれから開業しようという社労士が、自身の実情と方向性に合った身近な参考例を見つけられます。

〔補訂版〕図解　労働時間管理マニュアル

特定社会保険労務士　森 紀男　著

A5 判・184 頁・定価 2,970 円／2024 年 8 月刊

こんな本が欲しかった！　専門業務型裁量労働制に関する法令改正に対応した補訂版！

＜付録＞労働時間制・休憩・休日等の概念体系図 ほか

　本書は、筆者が労働時間等に関して、主としてクライアントへ理解を促すために行った説明や、その際に使用した資料を基に 1 冊の本としてまとめ直したものです。「実務ですぐ使えること、使いやすいこと」に重きを置き、必要なことが、実務上よく出てくる形で、簡潔にまとめられています。項目ごとに規定および解説をマニュアル化し、図表や計算式を多く用いてできるだけ見える化を図っています。

　活用のしかた次第で、従業員への説明資料や実務担当者が社内で対応にあたる際の「備忘録」として、また社労士等の実務家がクライアントへ説明する際の参考資料としてなど、様々な使い方ができます。

ご注文は、㈱日本法令　出版課通信販売係（TEL　03-6858-6966）もしくは、https://www.horei.co.jp　で承ります。

労務管理関係の書籍案内

※定価は 10％税込価格です。

改訂版 労働条件通知書兼労働契約書の書式例と実務

弁護士 富田直由／社会保険労務士 山本喜一 編

A5 判・512 頁・定価 5,720 円／2024 年 5 月刊

労規則の改正＆フリーランス新法等に対応した改訂版

　労規則の改正により、全労働者を対象に、就業場所・業務内容について雇入れ後の変更の有無・範囲の明示が必要となりました。また、有期契約労働者を対象に、更新上限の有無、回数についての明示、更新上限の新設・引下げをする場合の説明が義務化されています。

　新たな職業を 2 点追加し、計 37 パターンの「労働条件通知書 兼 労働契約書」を紹介しています。

　なお本書は、事例紹介にとどまらず、自社の制度に即し、運用まで考慮し解説した書式作成の手助けとなる一冊です。事例と規定類を収録した CD-ROM 付き。

職業別 雇用契約書・労働条件通知書作成・書換のテクニック

第一芙蓉法律事務所 弁護士 浅井隆／弁護士 池田知朗／弁護士 荒井徹／弁護士 林拓也 共著

A5 判・620 頁・定価 6,270 円／2024 年 3 月刊

労規則改正対応 労働条件明示のルールが変わる！

　2024 年 4 月より、労働契約の締結・更新時にはすべての労働者に対して「就業場所・業務の変更の範囲」の明示が必要になるなど、労働条件明示のルールが変更されています。

　本書は、上記改正を踏まえ、職業別・雇用形態別（正規・非正規）に、雇用契約書・労働条件通知書の作成について解説します。基本記載例を挙げ、そこから自社の状況・労働者の希望等に応じた作成ができるよう、書換例を紹介していきます。

労使トラブル円満解決のための就業規則・関連書式作成ハンドブック

弁護士 西川暢春 著

B5 判・1,280 頁・定価 9,680 円／2023 年 11 月刊

●裁判例にみられる就業規則の失敗例等を踏まえた「改善を要する規定例」を 90 以上掲載
●就業規則や書式の作成にあたり検討すべき 400 以上の裁判例を掲載（令和の最新裁判例 100 以上を含む）
●就業規則の文言の細部について裁判所がどのような判断をしているかを詳説
●令和 6 年 4 月施行の労働基準法施行規則改正に完全対応
●就業規則の運用に必要となる 80 の労務関連書式も収録

　労使トラブルが発生し複雑化する原因の一つに、日本の労働契約のルールのわかりにくさがあります。

　そして、労働契約のルールが反映されていない就業規則では、裁判所で通用しないことも多く、就業規則に対する信頼が揺らいでいます。

　本書は、500 以上の裁判例を踏まえ、就業規則に裁判例で形成された実質的なルールを反映することで、労使紛争の解決と予防に真に役立つ価値ある就業規則とするための方向性を示しています。CD-ROM 付。

就業規則作成・書換のテクニック

社会保険労務士 川嶋英明 著

A5 判・648 頁・定価 5,940 円／2023 年 10 月刊

追加・変更等、アレンジもしやすく書換自由！ Word データダウンロード特典付き。

　就業規則作成にあたっては、会社の実態に合ったものでなければなりません。

　本書では、就業規則において最低限必要となる規則を「基準規定」として定め、その基準規定を個々の会社にあわせられるよう、1 つひとつの条文について、様々な書換えパターン（変更・追加）を作成のテクニックとして示します。実践的で、使いやすい規定例を数多く用意しているのも特徴です。

ご注文は、㈱日本法令 出版課通信販売係（TEL 03-6858-6966）もしくは、https://www.horei.co.jp で承ります。